これからの森林環境保全を考えるⅠ

日本の森林管理政策の展開
―その内実と限界―

柿澤宏昭

J-FIC

はじめに

　成熟しつつある国内森林資源の有効活用、農山村経済の再活性化をめざして、林業の成長産業化への取り組みが活発に行われている。2009 年には農林水産省が森林・林業再生プランを策定して、10 年後の木材自給率 50％を目標として設定し、林業再生に向けた政策展開を本格化させているほか、人工林の伐採が本格化し始め、加工流通体制の整備も各地で進められてきている。一方で、林業再生は持続的な森林管理の確保とセットで考える必要があるが、皆伐造林未済地が問題となっているなど、これまでの法制度・政策は森林の持続的な管理を保障し得ていないことが指摘されてきた。このため 2011 年の森林法改正で無届伐採に関わる行政命令の新設など新たな制度が導入された。

　2010 年には生物多様性条約の締約国会議が名古屋で開催されたこともあって、生物多様性に対する関心が高まり、現場での具現化が重要な課題となった。森林に関わっても生物多様性保全の方策の検討が行われ、その結果は生物多様性国家戦略や全国森林計画に反映されている。しかし、生物多様性保全を現場レベルの森林管理に組み込む取り組みはほとんど手が打たれていないのが現状である。

　森林計画や保安林制度など森林行政の根幹をなす制度・政策の枠組みの改革はこれまで行われてきていない。2001 年の森林・林業基本法改正によって多面的機能の発揮が林業と並ぶ政策の柱として据えられたが、森林計画や保安林、補助金など実際に森林管理を動かす仕組みについて、環境対応のために制度変革が行われてきているとはいえない。そもそも生物多様性など環境対応を組み込んだ施業のあり方について包括的に示すための調査研究なども組織的に行われておらず、現場で活用できる指針も提示できていないため、環境配慮型施業を実施するための基礎が構築できていないのが現状である。また、環境配慮を進めるための知識・技術を持った森林技術者もほとんど存在していない。

　一方、欧米諸国においては、森林を含めた自然資源管理の仕組みを大きく

3

転換し、生物多様性保全など現代的課題に応える仕組みをつくりあげようとしてきている。アメリカ合衆国ではエコシステムマネジメントという新しい概念のもと、連邦政府の自然資源管理の方針を抜本的に転換してきているほか、欧州各国でも森林法を抜本的に改正し、生物多様性保全など環境保全を森林法制度・政策に明確に組み込み、現場での実効性を確保するための施策を展開してきている。このように、制度政策の変革を進めてきた欧米諸国と対比して、日本では現代的課題に対する大きな制度改革・変革を行っているとはいえず、改めて森林法制度・政策の枠組みを検討することが必要とされている。

　日本の森林政策の改革の必要性については、現代的な課題への対応だけではなく、そもそも森林政策そのものについて、過去の総括に基づく改革が行われていないという指摘もなされてきている。例えば遠藤は、これまでの森林政策を振り返って、「わが国の森林政策の総括がないまま、『森林計画制度』の見直しに大きな労力を注いでいるのが実態である」として、戦後の森林政策を総括する必要性を主張した[1]。また、志賀は、林野庁による林政展開は、国有林問題を基軸として形成され「経路依存」的であるとして、課題に即した展開ができなかった民有林行政を強く批判した[2]。

　以上のような状況を踏まえて、本書では、戦後の日本において、持続的な森林管理を確保するための法制度・政策がどのように展開してきたのかを振り返りつつ、なぜ変われなかったのかの要因を明らかにする。これを踏まえて、現代的課題に応えるために検討すべき課題を浮かび上がらせたい。

　本書でいう現代的な課題に応える持続的な森林管理とは、木材生産や水源涵養・保健休養などこれまでも期待されてきた多面的機能の維持・増進とともに、生物多様性保全など新たな課題に応えることができることを意味する。本書では、このような森林管理を民有林において支える政策について「森林管理政策」と称する。これまで森林管理政策では、主として森林法によって森林の管理の仕方に何らかの規制を加えることを森林施業規制と一般に称していた。本書では規制的手法の他に補助金など誘導的な手法も対象とするほか、自然公園や生物多様性保全など環境政策による森林に対する規制や誘導なども対象とし、森林施業規制とこれら政策をあわせて森林管理政策

と称する。なお、森林法に関わる施策・規制について森林政策・森林施業規制という用語も併せて用いる。

　このような管理を確保するための政策手段としては、ゾーニングによる伐採制限や施業の事前チェックなど直接的な規制や、補助金・税制など経済的なインセンティブ付与による誘導、森林所有者や林業事業体に対する指導普及等があるが、実際の政策展開に当たってはこれらの諸手段を組み合わせて実行するのが一般的である。本書では、政府が森林の持続的管理を確保するために行う多様な政策の組み合わせ全体をとらえることとしたい。なお、自治体レベルにおける独自の森林管理政策についても、必要に応じて取り上げる。

　なお、本書として対をなすものとして、『欧米諸国の森林管理政策』も用意した。日本の森林管理政策が行き詰まる中で、今後のあるべき方向性を探るために、環境対応を積極的に進めている欧米諸国の経験は重要な示唆を与えると考えられる。このため、欧米諸国における森林管理を確保する法制度・政策及びそれを実行する組織を比較検討しつつ、どのように現代的な課題に応える仕組みをつくり上げてきたのかを明らかにし、日本が学ぶべき点について検討を行っている。あわせて参照いただければ幸甚である。

脚注

1　遠藤日雄（2012）日本における森林政策の展開過程（遠藤日雄編著、改訂現代森林政策、J-FIC）47 〜 70 頁

2　志賀和人（2013）現代日本の森林管理と制度・政策研究—林野行政における経路依存と森林経営に関する比較研究—、林業経済研究 59（1）、3 〜 14 頁

目次

はじめに　3

第1章　森林管理政策研究とは何か ——————————— 9

第2章　戦後森林管理政策の出発 ——————————— 15

第1節　戦前の森林施業規制の仕組み ————————— 16

第2節　1951年森林法による森林計画制度 ——————— 19

第1項　1951年森林法の成立とその特徴 ——————— 19

第2項　保安林整備臨時措置法の制定 ————————— 26

第3章　伐採許可制の廃止と保安林制度の転換 ———— 33

第1節　伐採許可制の見直し ——————————————— 34

第1項　1957年の森林法改正 —————————————— 34

第2項　1962年の森林法改正に向けて ———————— 37

第2節　1962年の森林法改正 —————————————— 42

第1項　改正に向けた検討 ——————————————— 42

第2項　改正の内容と実行に向けた準備 ——————— 44

第3項　林業基本法の制定と森林法の改正 —————— 47

第3節　保安林制度の改革 ——————————————— 51

第1項　森林法の改正と保安林制度の改革 —————— 51

第2項　保安林整備臨時措置法の延長 ————————— 54

第4節　鳥獣保護行政の展開 —————————————— 58

第4章　森林施業計画制度の誕生と展開 ——————— 67

第1節　森林施業計画制度の検討と成立 ——————— 68

第2節　森林施業計画制度の実行と課題 ——————— 73

第5章　自然環境保全への対応 ———— 81

第1節　自然保護運動と政策展開への影響 ———— 82

第2節　自治体・環境庁の取り組み ———— 85

第3節　森林法制度での環境保全への対応 ———— 92

第4節　保安林整備臨時措置法の延長 ———— 98

第6章　1980〜90年代の森林管理政策 ———— 107

第1節　森林計画制度に対する1980年前後の現場からの評価 ———— 108

第2節　森林計画制度への市町村の巻き込み ———— 111

第3節　特定保安林制度の発足 ———— 116

第4節　リゾートブームをめぐる動向 ———— 120

第5節　森林法による林地保全政策の限界 ———— 126

第6節　森林計画と流域管理システム ———— 132

第7章　地方分権下での森林管理政策 ———— 145

第1節　1998年の森林法改正と地方分権一括法 ———— 146

第2節　森林・林業基本法の制定と森林法の改正 ———— 151

第3節　新たな森林計画制度の実行と課題 ———— 164

第4節　治山治水臨時措置法と保安林整備臨時措置法の廃止 ———— 168

第5節　自治体林政の新たな動き ———— 170

第8章　生物多様性保全の取り組み ———— 177

第1節　種の保存法の制定と保護区の設定 ———— 178

第2節　生物多様性基本法の制定 ———— 183

第9章　森林・林業再生プラン以降の動向 ———— 195

第1節　森林・林業再生プランと森林計画制度 ———— 196

第2節　森林・林業再生プランの実行状況 ———— 206

第3節　森林・林業基本計画の変遷 ———— 215

第4節　水資源保全に関わる動き ———————————————— 219

第10章　森林管理政策の総括 ———————————— **229**

第 1 章
森林管理政策研究とは何か

森林管理政策の研究動向

　日本において森林施業の規制など管理のコントロールは主として森林法によって行われており、森林計画制度と保安林制度がその中心をなしている。また、このほかに自然公園法や鳥獣保護法など自然環境・生態系保全に関わる法制度によって森林の取り扱いに対する規制がかけられている。以上のような森林管理に関わる政策はこれまで研究の対象とされることは少なかった。

　森林に関わる社会科学的な研究を中心的に担ってきた林業経済学分野においては、筒井迪夫が森林法体系の展開過程に関する一連の研究において、森林計画制度・保安林の変遷について整理しているほか、『環境保全と森林規制』[1]において自然環境法制度まで含めて森林管理に関わる規制制度の体系を明らかにしているが、制度の解説という性格が強い。また、荻野敏雄は森林政策史に関わる膨大な研究業績があるが、その関心は主として林業展開にあるため、森林管理政策への言及は多くはない[2]。保安林に関しては中山哲之助が制度展開を追いながらその課題を検討し、保安林の性格が一般林化しつつあることを明らかにし、施業規制の観点から制度の再検討を提起した[3]。

　このほか、森林計画制度に関わる論文・著作はいくつかあるものの、岡和夫・藤沢秀夫ら主として林野庁OBによるものが多く、その内容も計画理論は別として、計画制度の変遷と、その背景説明が中心となっており、また計画制度への肯定的な評価を基本として叙述していた[4]。

　近年、志賀和人は、新制度派の理論を応用し森林管理制度分析を進めており、「はじめに」に述べたように林政展開の「経路依存」を指摘しているが、経路依存を結果した要因などの具体的な分析までは踏み込んでいない。また志賀編著の『森林管理制度論』において、山本伸幸が森林管理と法制度・政策の展開過程について分担執筆を行っているが、教科書をめざした編集方針もあって、新たな手法の適用による森林管理制度の展開分析とはなっていない[5]。

　なお、森林管理政策に関しては近年、国際的な比較研究が行われてきている。1990年代ころから日本の森林管理政策の相対化を図り、今後の方向性を考えるために比較森林管理政策の研究が取り組まれ、森林管理政策につい

ても焦点が当てられてきた。これらの研究では、各国・地域の森林管理政策が環境保全型へとシフトしており、国・地域の特性に応じて、多様な手法を組み合わせて施業をコントロールする仕組みをつくってきていることが明らかになっている[6]。また、この中で日本の施業規制制度の直接的規制の仕組みや、またこれを担う組織の専門性が弱体であることが明らかにされている[7]。

森林管理政策の分析視点

　本書で扱う森林管理政策の範囲であるが、基本的には中央政府による法制度・政策を対象とし、これを議論するために必要な範囲で自治体による政策についても扱うこととする。また、農林水産省林野庁が所管する森林法およびその下での政策展開とあわせて、現在、環境省の所管となっている野生動物管理、自然公園、生物多様性保全などの制度・施策の展開についても包括的に扱う。できる限り政策間の相互関係についても目を配ることとし、これによって森林管理政策の全体像を把握することをめざす。

　ここで制度・政策形成の力学を分析する視点について述べておきたい。中央省庁の政策形成過程を分析した城山英明らは、省庁の行動様式を図1のように類型化した[8]。類型化の第1の軸は、自ら創発して政策形成を行うか（攻め）か、否か（受身）、第2の軸は「官房系統組織または上位組織による統制が常に効いているか（定期／統制）、直接の担当の縦ラインのアドホックな意見調整によって対応が決まるのか（不定期／アドホック）」とし、4つの象限を企画型、現場型、査定型、渉外型として類型区分した。農林水産省と環境省については、環境庁（当時）は企画型、農林水産省は現場型と区分しており、本書ではこれを手がかかりに分析を行うこととするが、林野庁・環境省ともにこのモデルの適用には留保が必要である。

　現場型は「原局・現課における現場がアイディアを出し創発する」とされているが、これは国土交通省の道路・河川管理のように直轄現場組織をもっているところには当てはまるが、林野庁の民有林行政は直轄の出先機関を持っておらず、政策の実行は自治体が行う場合が多い。林野庁が政策形成を行う場合、その受容と円滑な実行を確保するために、自治体の意向を踏まえた

制度展開が必要となる。また、出先機関をもたない林野庁にとってこれら自治体は「アンテナ」の役割も果たしており、自治体が持つ情報や分析は政策形成にあたって欠かせない基礎となる。このように林野庁と、政策実行現場である自治体は相互に影響を及ぼしあっており、この関係性に注目して政策展開を追っていくこととする。

政策形成力学に関しては自然環境保全に関わる分野はより複雑である。第1にこの分野は農林水産省林野庁と環境省にまたがる分野であり、それぞれの官庁は上述のように異なる政策形成過程を持ち、両者の政策目標・利害が異なるために政策形成に関わって軋轢が生じる。第2に政策の変更・形成において自然保護など社会的な運動が大きく影響する。また、第3に地方自治体が先駆けて政策を形成し、この影響を受けて国レベルの政策が形成されるケースが多いなど、林野庁所管の森林政策分野とは異なった政策形成の力学を持つと考えられることから、これら関係の総体を把握できるように分析を行う。

また、実現した政策だけではなく、検討されつつも実現しなかった政策についてもできる限り取り上げ、何が障害となって実現できなかったのか等について検討を行う。この検討は政策展開の限界を理解するうえで重要な情報となると考えられる。

資料については、政策形成に関わった人々が執筆した記事・論考などだけ

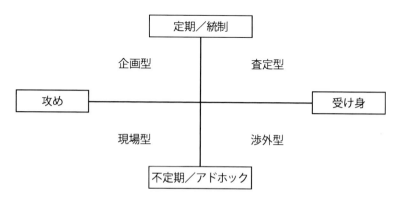

図1　省庁の行動様式の類型

資料：中央省庁の政策形成過程

ではなく、政策形成に影響を与えた人々・組織に関わる情報についてもできる限り収集して、政策形成・実行の全体像が把握できるようにした。特に林野庁政策形成における自治体との関係が重要であると考えられることから、自治体の林政関係者の政策要求や政策評価についてはできるだけ丹念に見ていくこととしたい[9]。

脚注

1　筒井迪夫（1976）環境保全と森林規制、農林出版

2　例えば萩野敏雄（1993）日本現代林政の激動過程、日本林業調査会。

3　中山哲之助（1974）日本林政論：基礎的考察、日本林業調査会

4　例えば藤沢秀夫（1996）現代森林計画論：その理論と実態分析、日本林業調査会。

5　山本伸幸（2005）森林管理と法制度・政策の展開過程（志賀和人編著、森林管理制度論、J-FIC）229 ～ 298 頁

6　例えば柿澤宏昭ほか（2008）森林施業規制の国際比較研究―欧州諸国を中心として―、林業経済 61（9）、1 ～ 21 頁

7　柿澤宏昭（2012）世界の森林政策（遠藤日雄編著、改訂　現代森林政策、J-FIC）、31 ～ 45 頁

8　城山英明、鈴木寛、細野助博編著（1999）中央省庁の政策形成過程―日本官僚制の解剖、中央大学出版会。なおこの続編も 2002 年に出版されている。

9　自治体の政策現場における林野庁政策の実行状況や、自治体による政策の受け止め方、政策実行上の課題や政策要求については『森林計画研究会会報（以下文献引用の際は「会報」と略す）』に多くの記事が掲載されてきたが、これまでの政策展開のレビューではこの資料はほとんど活用されてこなかった。本書では本会報を活用することで、林野庁と自治体政策現場の関係のなかでの政策展開を浮かび上がらせたい。

第2章
戦後森林管理政策の出発

第1節　戦前の森林施業規制の仕組み

1897 年・1907 年森林法の森林施業規制

　戦前の森林政策は 1897（明治 30）年・1907（明治 40）年森林法によって基礎がつくられた。1897 年森林法では民有林を公有林、社寺有林、その他民林（私有林）に区分し、前二者については経済の保続を損するまたは荒廃の恐れがある場合、後者については荒廃の恐れがある場合、営林の方法を指定することができるとした。また、国土保全の観点から保安林の制度を設け、保安林への編入・解除は主務大臣によるとしたほか、保安林に編入すべき森林の 9 要件を指定し、保安林における伐採、開墾、土石切芝の採取、樹根採掘、牛馬放牧は知事の許可制とした。また、「保安林取扱心得」（1897年 12 月 14 日農商務省訓令第 31 号）において、保安林の 12 種類を規定したほか、保安林の伐採方法は択伐または群状択伐によるものとするし[1]、保安林指定地の施業に厳しい規制をかけた。

　1907 年森林法は、基本的には 1897 年森林法の枠組みを引き継いだが、公有林・社寺有林については森林の施業案等を定め、山林庁長官の認可を受けることができるとして監督を強化した。また、森林組合の制度を設け、造林・施業・土工・保護のために組合を設立できるとし、設立した場合は当該地域の所有者を強制加入とした。民有林に対して施業を共同で進めるための仕掛けを用意したのであるが、実際には施業組合が設立されることは少なく、私有林所有者が組合加入を迫られることはほとんどなかった。

　以上のように 1897 年・1907 年森林法では公有林・社寺有林以外の私有林では、保安林を除いては経営に関わる制限はほとんどなかった。

施業監督制度の創設と国立公園内への森林法の適用

　このような森林法体系に対して、昭和初期より森林法改正に向けた動きがあった。1928 年には農林省において改正の動きがみられるようになったほか、帝国森林会においても森林法の改正の検討が行われ、1932 年に草案が提示された。改正の動きの基本的な方向性は公共の福利の観点から民有林施

業に対する営林監督の強化をめざそうとするものであり[2]、従来は社寺有林・公有林を監督下においてきたが、これを民有林全体に広げようとしたものである。農村恐慌対策に忙殺されたため、こうした改革の作業はいったん頓挫するが、戦時経済体制下における木材生産増強という観点から、森林法改正が具体化し始め、1939年2月7日に森林法改正案が帝国議会衆議院本会議に上程され、3月13日には貴族院本会議で可決、1940年9月10日に施行された。

　改正の主たる目的は、これまで保安林を除いて私有林の施業に対する制限は基本的にはなかったものを、戦時体制下での木材増産に応えるために、施業計画の編成を行わせて経営を合理化させようとするものであり、改正の中心は営林の監督の強化と森林組合制度の改革であった[3]。

　営林監督制度については、以下のように規定した。

①命令で定める森林所有者（50町歩以上）はすべて施業案を編成して地方長官の認可を受ける。これが守られないときは地方長官が編成できる。

②施業案に反する施業が行われたときに行政庁は監督処分命令を出し、代執行することができる。

③地方長官は公益上特に必要な場合は森林所有者に施業技術者の雇い入れを命じることができる。

　また、森林組合については、これまでの4種類の区分を廃止し、施業案編成を必須事業とし、「組合員ノ所有スル森林ニツキ施業案ヲ編成シ之ニ基ヅキ施業ヲ為スコト（施業直営組合）」、または「組合員ノ為ニ施業案ヲ編成シ之ニ基ヅキ組合員ノ為ス施業ヲ調整シ及ビ地区内森林ノ施業ニ必要ナ共同施設ヲ為スコト（施業調整組合）」とした。地方長官が森林生産の保続のために必要があると認めた時には強制設立できることとし、設立した場合の所有者の強制加入制を存置した。以上二つの改革を通して「すべての民有林の所有者は定款で定める零細所有者を除いて単独または組合による施業案を自主的に編成して認可を受け、地方長官は施業案に準拠して施業されるようこれを監督する」[4]仕組みをつくり上げたのである。

　これは、荻野が総括するように「施業案監督主義の飛躍的強化試行と、戦争経済との接点を求めて林産物需給という商品経済への踏み込み」[5]をめざ

したものであり、当初の森林法改正の目標であった公共の福利のための営林監督の強化が、統制の一環として木材生産増強のための営林監督として実現したといえる。

　なお、1939年森林法による施業規制に関わってもう一つ指摘しておくべきことは、国立公園も森林法の規制を受けるとしたことである。国立公園は1931年に制定された国立公園法によって制度的根拠が与えられたが、1939年森林法では「国立公園及ビ農林大臣ノ指定スル公園ハ森林法第7条ノ公園ヨリコレヲ除ク」として、国立公園指定地の森林についても森林法を適用することとした。

　森林法を国立公園も含めて適用することは、前述の帝国森林会が1932年に発表した森林法改正草案の骨子に含まれていた。この草案においては、国立公園をはじめ広大な森林が保健休養などの施設に利用されるが、それら森林においても林業を経営しつつあるとして、森林法の適用によってそのコントロールのもとにおこうと意図しており、これが1939年森林法に取り入れられたといえる[6]。つまり、自然公園地域も含めて森林全体を森林法の下に置くこととしたのである。

形骸化した施業監督制度

　上述のように制定された施業案監督制度の実施状況についてみてみよう。

　1939年に農林省令「民有林計画施業省令規則」を公布し、さらに1940年に農林省訓令「民有林施業案規定」を定め、施業案編成に関する細目を指示するとともに、森林組合の施業案編成に必要な府県の費用等への補助を行うため405,831円を計上した。しかし、規定で定められた施業案の条項数は「国有林施業案規定」（1914年8月22日制定）よりは大幅に少ないものの、実質的にはほぼ同様のものを要求しており、森林組合はこれら計画を編成する能力はなかった。そのため施業案監督制度は形骸化せざるをえず、しかも民有林資源基本調査が臨時に義務付けられたこともあり、編成進度は遅々としていた[7]。このため1943年2月27日農林省訓令第2号をもって「簡易施業案編成規定」を制定し、施業案の内容の簡易化を可能とし、編成の促進を図ろうとした。

一方、1941年3月13日には法律第66号「木材統制法」が制定され、このもとで山林局は民有林の増伐を進めるための通牒を次々と発し、「林産物の需給統制を目的とする名目のもとに地方長官が指定する立木伐採計画が立てられ、森林組合を通じる強制伐採が行われるようになり、これが実質的に施業案に代行することとなった」[8]。さらに、戦局の悪化に伴う木材薪炭の需要の増大により、1944年には民有林立木非常伐採措置が講じられ、施業案編成は一時中止となり、さらに同年に民有林施業案編成停止の通牒を山林局長から知事あてに発し、編成業務を1年間停止して民有林非常伐採計画を樹立することとした[9]。

以上のように施業監督制度は、制度の複雑さもあって形骸化し、施業案監督主義の強化の側面は全く機能しないまま、戦時体制下のもとで木材統制・木材増産政策が進んでいった。また、実際の施業案の編成自体も「昭和20年（1945年）度末で施業案の編成を見た組合数は709すなわち総組合数の7分の1にすぎ」[10]ず、施業監督制度は機能不全のまま敗戦を迎えた。

第2節　1951年森林法による森林計画制度

第1項　1951年森林法の成立とその特徴

GHQ主導による森林管理政策の検討

第2次世界大戦後は、連合国総指令部（GHQ）の監督下で森林政策の改革が進められた。その主要なものをあげれば、内地国有林・御料林・北海道国有林の統一、山林局の技術官長官制の導入、公共事業の予算編成による治山・造林・林道事業の展開などがあげられる。

森林施業規制に関しては、保安林制度・営林監督制度ともに1939年森林法に基づく施業監督制度が継続していた。1946年から施業案編成は再開され、山林局は編成を促進させるため施業案の簡易化を行った[11]。1951年までに公有林約206万ha、その他1,475万haに対して施業案の編成を完了したが[12]、「その実効性は資源量把握以外は皆無に等しかった」[13]と評される

ものであり、当時の林野庁の計画課長も「施業案が遊離して空文化する傾向が強かった」[14] としている。

　森林施業規制に関わる制度改革の動きは戦後当初から始まっていた。萩野は、「山林局が、戦後の新事態に即応し、林政の再構築に本格的に着手した起点は 21（1946）年 2 月である」とし、農林省に設置された林業委員会において検討された方向性は、戦時中に大幅な過伐があって広大な造林未済地が存在しているとされたこともあり、「山林局の戦後林政ベクトルは、国有林については林政統一、民有林にあっては全面的な国家規制であった」[15] としている。1948 年には林野局 [16] 内に森林法改正委員会が設置されて一応の結論に達したが、その内容は 1939 年森林法の施業案制度を継承し、森林組合については強制加入を維持するものであった。

　一方、GHQ は 1939 年森林法に基づく施業案がほとんど実行されていないこと、森林資源量の把握が正確でないことを問題として認識し、後者については林野庁に森林調査を進めさせ、その結果を 1950 年に統計概要としてまとめた [17]。森林法及びその下での施業監督に関しては、科学的合理性に基づき、国家が林業計画に責任を持つべきという意向を形成していた。

　森林法改正の議論の方向性を決めたのは、GHQ 経済科学局公正取引実行部及び天然資源局林業局が 1950 年 2 月 25 日に出した共同声明である。林業計画の編成及び遂行は中央政府の責任であることを明確にすることと、協同組合原則に基づく森林所有者の団体の結成を行うことが基本的な方針とされ、林野庁内部の検討は抜本的な見直しを迫られることとなった。この勧告をもとに、営林の監督、森林組合制度を巡って活発な議論が行われたが、1950 年 12 月 7 日には「日本私有針葉樹林経営に関する勧告」（カーチャー・デクスター勧告）が出され、これに従って施業規制の制度を策定せざるを得なくなった。

　勧告の内容は、保続生産の確立が重要であり、伐採量を年間成長量と同等またはそれ以下に引き下げることとし、これを所有者の自発性に期待して行うことは困難であるので国が責任を持って施業の監督を行う、というものであった。萩野によれば、「カーチャー勧告は、林野庁にとり、それはまさに突然の事態」であり、「GHQ 側の強い意思が読み取れる」[18] とされており、

森林法改正の方向性を国内議論にゆだねるのではなく、GHQ側の方針を徹底させようとしたのである。そこには前述のような森林資源持続性確保への強い懸念があったことは間違いないが、朝鮮戦争をにらんだ「アメリカの東アジアにおける針葉樹材供給基地づくり」という指摘もある[19]。

また、1950年4月24日には「日本の林業と治水に関する勧告」（通称、クレーベル勧告）が出され、上流から下流まで統合した流域計画や、非皆伐施業への転換による植生維持を求め、保安林制度検討の基礎となった。

1951年森林法の4つのポイント

以上のような経緯で策定されたのが1951年森林法であり、1951年5月17日に議員提出法として提案され、21日に衆議院、30日に衆議院を通過し、成立した。その内容をまとめると以下のようになる[20]。

目的の規定：それまでの森林法には目的規定がなかったが、「森林の保続培養と森林生産力の増進とを図り、もって国土の保全と国民経済の発展に資する」と明記した。なお、この目的規定は今日まで変わっていない。

全国をカバーする森林計画制度と伐採許可制度の導入：1939年森林法で制定された施業案監督制度は廃止し、森林基本計画区ごとに国有林・民有林双方を対象として農林大臣が定める5年間の森林基本計画、森林基本計画区を区分した森林区ごとに都道府県知事が定める5年間の森林区施業計画、森林区施業計画に基づいて森林区で都道府県知事が毎年定める森林区実施計画の三つの計画を策定することとした。

森林区施業計画及び実施計画では当該森林区に関わる造林についての所有者の義務及び伐採許可限度数量を定め、これに基づいて伐採許可を行うこととした。伐採許可制については制限林・普通林・特用林・自家用林に区分して導入しようとした。

制限林は、保安林、国立公園法で指定された特別指定地区など伐採が制限されている民有林であり、その立木の伐採はすべて都道府県知事の許可を必要とし、かつ伐採方法などを森林ごとに定めた指定要件に従って伐採することとされた。

普通林は、制限林・特用林・自家用林以外の民有林で、適正伐期齢未満の

森林については都道府県知事の許可制としたが、適正伐期齢以上の伐採は届出制とした。

特用林はウルシなどの特用樹種を主とするもの、また、自家用林は森林所有者が自家の用材・薪炭として利用するもので、いずれも伐採の制限はかけなかった。

適正伐期齢は原則として平均成長量最多の時期とすることとした。また、許可制をとった制限林および適正伐期齢以下の普通林については、成長量に基づく伐採の許容限度を設け、都道府県知事は森林区実施計画に定められた伐採量の許可限度を超えて許可してはならないとした。なお、伐採許可は当初は年1回であったが、1952年5月に森林法の一部が改正され、年2回となった。

森林計画を実行するための体制整備も行われた。第1は、人的体制整備であり、森林区実施計画の作成及び実行を指導するために都道府県は各森林区に林業経営指導員を置き、また林業技術に関する試験研究の成果を普及させるために林業技術普及員を置くこととした。第2に、伐採制限を受けた所有者に対して資金を融通するための伐採調整資金の仕組みも設けた。

保安林制度の改革：上述のように、保安林の伐採規制については森林計画制度の中で他の伐採規制と一体的に行うこととした。保安林の種類について旧法の12種類に加えて新たに干害防備林・防雪林・防霧林・防火林を加えたほか、土砂扞止林は土砂流出防備林と土砂崩壊防備林に二分し、衛生林は保健林と改称した。なお、「従来の水源涵養林が局所的な水源地の保全をめざしていたのに対して、新しい水源涵養林は、広域的な流域の保全の必要から指定されるもの」[21]とされ、前述のクレーベル勧告が取り入れられた。

保安林の指定・解除は、旧法では解除は主務大臣、指定は地方長官に権限が委譲されていたが、本改正により、保安林の範囲が広く受益範囲も広範にわたる水源かん養林[22]・土砂流出防備林・土砂崩壊防備林については農林大臣が指定・解除を行い、それ以外の保安林については都道府県知事に指定・解除の権限を委任することとした。保安林の施業規制は、旧法の下では厳格で、指定された保安林はその利用がほとんど考えられない状況であったが[23]、改正後は前述のように計画制度の下で定められた伐採の方法に従って、

22

成長量の範囲内での伐採が可能となった。

　なお、従来森林治水事業は法律的な根拠がないまま行われてきたが、本改正で保安施設地区制度が設けられた。この制度では魚つき・航行目標・保健・風致以外の目的を達成するために森林土木などの事業を行う必要がある場合には、保安施設地区の指定を行って事業を行い、終了後保安林に指定することとした。

森林組合制度の改革：これまで強制加入制であったものを協同組合原則に基づく組織とするとともに、施業案制度を廃止したことから事業内容を経済事業と指導事業とすることとした。

全国をカバーする森林計画制度の確立

　1951 年森林法は今日まで引き続く、全国をカバーする森林計画制度を確立し、今日の森林施業規制の基礎を形成したという点で画期的である。また、すべての森林を対象に伐採許可制を導入し、保安林を含めたすべての森林について森林計画制度による森林施業のコントロールを行おうとした包括的・意欲的な制度であるといえる。

　伐採許可制については「私有財産である全森林の利用制限については、違憲ではないかとの疑念から、林齢に基づく伐採制限のみにとどめられた」[24]という点で限定的であった。また、環境への配慮というよりは、成長量以内に伐採量を押さえるという量的な規制を全国一律にかけたという点でもユニークである。森林資源の保続を重視し、資源の量的なコントロールを基礎として計画体系を組み上げており、これを国家の責任を持って行おうとしており、ここで森林計画に付与された性格は今日まで引き続いている。

　保安林までも含めた計画体系に関して、当時の担当官で後の計画課長である横瀬は「従前の施業要件に基礎をおく保安林施業規制方式は、……保安機能しか効力できぬ弊に陥りやすいから、こんごは林業の各分野にわたる要請を調整した森林計画によって保安林施業を規制すべきであると考えられたことは、当然の帰結であった」[25]と述べているように、総合性への明確な志向性を持っていたのであり、保安林と普通林を総合的に検討して施業の方向性を形成する可能性を持った制度であった。

なお、森林法改正後に国立公園内の施業に関する調整が行われた。国有林の独立採算制導入や林業機械化が進み木材増産が見込まれたこと、1951年森林法で国立公園内による伐採規制についても森林計画において行うこととなったため、国立公園内の施業について調整する必要が認識されたためである。1952年に厚生省と林野庁の協議により特別地域を第1種から第3種に区分し、特別保護地区と合わせて、それぞれの地種ごとの施業内容を定めた。この施業内容が特別地域の許可基準的な役割を果たすこととなり、これ以降、公園計画として用いられてきた。なお、1959年には林野庁と厚生省の間で取り交わした取り決めなどを整理・統合して「自然公園区域内における森林の施業について」（都道府県知事宛国立公園部長通知）がまとめられ（表1）[26]、上記施業方針はこの中に盛り込まれた。また、この地種区分は1974年4月1日に自然公園法施行規則第9条において特別地域の区分として規定され、施業規制の内容についても引き継がれた[27]。

　この施業方針は、森林伐採が原則禁止されるのは特別保護地区と第1種特別地域のみであり、第2種では皆伐も許容され、第3種・普通地域に至っては施業についての制限を原則課さないという内容であった。当時は自然保護をめぐる活動は活発ではなく、基本的に森林は生産の対象であるとする大きな流れの中で、公園指定地の多くを占める国有林を管轄する林野庁と厚生省という力関係もあって、このような緩い規制にとどまり、1960年代以降の国立公園内の国有林伐採への強い批判の中でもこの規制内容の見直しは行われなかった。

表1　国立公園内における施業の基準

区分	施業の基準
特別保護地区	禁伐
第1種特別地域	原則として禁伐。ただし、風致に支障のない限り10%以内の単木択伐
第2種特別地域	原則として択伐（30%、薪炭林60%以内）。ただし、風致に支障のない限り2ha以内の皆伐
第3種特別地域	全般的な風致の維持を考慮して施業を実施し、特に施業の制限を受けない
普通地域	風致の保護ならびに公園の利用を考慮して施業を行う

低調だった森林計画の実績とその理由

　森林計画の実施状況についてみてみよう。表2は、1954年度までの伐採限度数量、許可申請数量、許可数量を示したものであるが、いずれの分類においても限度数量に対して申請数量が下回っていた。特に、用材林の広葉樹、薪炭林ではいずれも限度数量を大幅に下回っていた。このため、伐採許可制の必要性そのものが問われることになってくる。

　森林計画において設定された目標数値の実行状況についてみると、指定された造林の実行比率は約80%、林道建設の実績は29.2%、保安施設整備も3割程度の実行率であり、特に林道実績・保安施設の実行率が低く、いずれも資金・財政不足が要因であると分析されていた[28]。

　1951年森林法に基づく森林計画の実行に関わっては、スタート当初から様々な問題が指摘されてきた。ここでは、組織・人材など運用体制、制度運用の効果・実効性の二つの観点から問題点をみよう。

　まず、組織体制の問題である。これについては、林業経営指導員の人数の不足のため個々の指導員に過重負担がかかり十分な運営ができないことと、林業経営指導員の能力不足という量・質両面の問題があった。前者に関しては、例えば長野地方監察局は長野県における伐採許可制の運用について、「調査取締りにあたる林業経営指導員の一人当たり担当面積は平均1万2,000町歩に及び、実地調査、取り締まりが徹底しない」[29]と指摘している。また、1955年2月に林野庁が15県を対象として行った森林計画事業の実態調査では、林業経営指導員として全員技師を配置しているのは5県にすぎず、他の県は一部に資格のないものを配置していた[30]。

　次に、制度の実効性・効果という点では、違法行為の多発が問題となっ

表2　伐採許可状況（1951年第4四半期〜1954年、千石）

	用材林		薪炭林	
	針葉樹	広葉樹	針葉樹	広葉樹
許容限度数量	55,424	7,512	3,230	49,266
許可申請数量	43,762	3,920	799	22,296
許可数量	34,925	2,461	779	20,818

資料：森林計画研究会報　第24号

た。計画発足当初は、例えば長野県において県当局による摘発だけで2万8,000石に達し「森林法はほとんど有名無実化していたずらに権威を失墜させつつある」[31] とまで指摘されている。違法伐採は1952年に46,251件、伐採材積の10%を占めていたのに対して、1953年には16,919件、2%にまで低下したとされているが[32]、1955年の森林計画研究会に際して各県担当者の参加を得て行われた座談会においても、依然として無届・無許可伐採の多さが問題とされており、「どこの経営指導員も、一番なやんでいる」と指摘されている[33]。このように無届・無許可伐採が横行した原因としては、第1に許可申請が当初年1回のみで所有者にとって使いにくかったこと、第2に申請を行うことによって課税の対象となることをおそれて届出を行わないといった問題があった。

第2項　保安林整備臨時措置法の制定

保安林臨時措置法の策定に至る経緯

上述のように保安林制度は森林法改正によって大きく変化したが、保安林の整備に関わる法制度も創設された。

戦後、水害が多発したことから、保安林配備を再検討する必要性が認識され、1948年には林野庁長官通達「保安林強化事業実施要項」が定められた。このなかで重要河川の奥地水源地帯の水源涵養と土砂扞止林の配備基準及び施業の考え方が示されたが、これは「保安林における流域保全の考え方を初めて強く打ち出したものとして、重要な意義を持って」[34] いたとされる。

1953年に西日本・南紀を襲った水害被害が激甚であったことを受けて、同年の第16回国会で治山治水に関する抜本的対策を求める決議案が衆参両議院で可決されたほか、政府は10月16日に治山治水基本要綱を決定した[35]。要綱においては保安林の拡充と、適切な管理を行うこととし、前者に関しては重要な水源地域において1954年より3年以内に66万町歩、その他の地域については4年以内に26万町歩を新たに保安林指定するここととし、後者に関しては保安林実行管理計画の樹立、重要水源地にある公益上重要な林地について国が買い上げなどの措置を講じることとした。以上の政策を進める

26

ために10年間の時限法として提案されたのが保安林整備臨時措置法であり、1957年4月27日に参議院を通過し、5月1日に施行された。

保安林制度の森林計画制度からの「自立」

　本法律の内容をまとめると以下のようになる。

　第1に、緊急に保全林を整備するために、保安林整備計画の策定、森林計画の変更、保安林の国による買い上げなどによって国土の保全に資することを法の目的とした。第2に、流域ごとに保安林の指定・解除、森林施業、保安施設事業などを定めた保安林整備計画を策定することとし、森林基本計画において定められていた保安林の指定・解除の計画は本計画に引き継がれることとなった。第3に、保安林整備計画を実施するために必要ある場合は森林基本計画の一部を変更することができることとした。このほか、保安林整備計画に基づいて、予算の範囲内で国土保全上必要な水源涵養・土砂流出防備・土砂崩壊防備目的の保安林を購入することとし、強制買い取りの仕組みも設けた。

　森林施業規制に関わっては保安林整備計画と森林計画との関係が問題となるが、保安林整備計画は国土保全上の観点から策定される流域保全計画であり、国民の権利義務を直接に規制するものではなく、これを法律的に実効あるものとするために森林計画を通じて義務を課すという論理構成となっていた。『保安林制度百年史』では「従来の森林計画は資源維持に偏重したきらいがあ」り、「国土保全を十分に反映した森林計画を編成するための補強策として保安林整備計画制度が制定された」とし、「森林計画制度と保安林整備計画制度とはそれぞれ独立した計画制度ではなく、後者が前者を補強し、前者をして森林に関する総合計画たる実をあげるところに後者の意義があると解される」[36] と位置づけている。

　また、1951年森林法による制限林の伐採許可は伐採量の許容限度を設けて行われており、森林の被覆状況は考慮されていなかった。そこで、保安林整備計画において、期待する保安林機能と森林の現況に応じて施業制限を行うこととし、例えば「水源涵養を目的とする保安林は、集水区域内の当該森林を全体として同一程度の林相状態にしておればよく、良好な保安林であれ

ば年々均等な伐採を循環して行わせても保全効果は十分期待することができる」とするなど、伐採量のコントロールから「林地被覆の状態の維持向上とその確実な更新を主として考える」新たな施業要件の指定へと改定を行うこととした。また、「森林の保安機能を有効に発揮させるため、保安林内において行う諸作業の方法ならびに林地の利用計画を樹立する」[37]ための保安林管理実行案を策定することとし、森林区施業計画の一環として位置付けることとした。

　以上のように、保安林整備臨時措置法及びその下での保安林の整備は、森林施業規制の体系に大きな変化をもたらした。

　第1は、保安林と普通林の総合的森林計画制度という1951年森林法の特徴が早くも崩れ、保安林に関しては独自の総合的な計画をつくることとし、森林計画には規制をゆだねるだけになったことである。保安林の整備が緊急に要求されるなかで、つくられたばかりの森林計画制度の中ではこれに対応できず、保安林独自の総合的施策を展開することとなった。第2に、保安林の施業要件について、これまでの内容をゆるめたことである。厳しい規制を持った小面積の保安林から、面積的な拡大を図りそこでの施業の可能性を追求する保安林に変化した。

保安林の「普通林化」への懸念

　以上のような森林法改正・保安林整備臨時措置法制定を巡る動きに関わって、中山哲之介は、「当時の保安林政策の基本は面積の拡大と施業制限の緩和にあったとみてよいようである」と評価している。中山は、1951年森林法に関して、「保安林面積の増大と造林促進と同時に施業制限的性格から普通林的性格が増大したと見ることもできる」と指摘しており、保安林の施業について、機能を発揮させるための施業の目標方針・方法などを示し、実施すべき必要な施業を指定することに関して、「以上の性格変化はしかし換言すれば保安林の経済林、普通林化ということもできよう」[38]とした。

　こうした評価については同様な問題意識を持っていた担当職員も存在した。例えば1955年に治山課技官であった木村は、保安林の指定基準について、「保安林整備計画によりさらに進んで流域保全のために地域的に広く指

定される線が打ち出された…その結果実際には普通林と保安林が接近してき
て、森林計画制度と保安林制度が紙一重になり、そこに調整せねばならぬ点
が生じてきた」と述べた。また「保安林が地域主義的に広く指定されるよう
になってきたので当然その取り扱いも変わってくるが、その考え方が他の保
安林にまで乱用される傾向にある。今まで禁伐で維持されてきた保安林がど
んどん伐られつつある」[39] として、中山と同様に普通林化への懸念を示した。

脚注

1　保安林制度百年史編集委員会（1997）保安林制度百年史、日本治山治水協会、
　　80 頁。なお、1907 年森林法施行手続第 10 条において保安林の目的を害しな
　　い程度に林種の改良を行う場合は皆伐によることもできる規定が置かれてい
　　た。

2　農林省大臣官房総務課編（1963）農林行政史　第 5 巻上、農林協会、325 頁

3　前掲農林省大臣官房総務課編（1963）334 頁

4　農林水産省百年史編纂委員会（1981）農林水産省百年史　中巻、農林水産省
　　百年史刊行会、460 頁

5　萩野敏雄（1993）日本現代林政の激動過程、日本林業調査会、548 頁

6　前掲農林省大臣官房総務課編（1963）348 頁

7　前掲萩野敏雄（1993）575 頁

8　前掲農林省大臣官房総務課編（1963）1066 頁

9　前掲農林省大臣官房総務課編（1963）851 ～ 852 頁

10　前掲農林省大臣官房総務課編（1963）852 頁

11　1947 年 6 月 7 日付農林省訓令第 12 号民有林施業案の簡捷に関する件

12　大日本山林会編（2001）戦後林政史、大日本山林会、38 頁

13　萩野敏雄（1996）日本現代林政の戦後過程：その 50 年の検証、日本林業調査
　　会、122 頁

14　石谷憲男（1951）森林計画の解説、木材新聞社、14 頁。なお北海道における
　　施業案策定の実態について「現在の単位組合の實情では容易に技術者を得、
　　施業案を作るために多くの金を出しうるような状態になっていませんので、
　　道庁と森連の職員が代わって作っているのであります」（北海道林務部編

（1950）民有林施業案の話、北海道林務部）という証言がある。

15 前掲萩野敏雄（1996）96 頁

16 山林局は 1947 年 7 月に林野局となり、さらに 1949 年 6 月には林野庁に改組された。

17 前掲大日本山林会編（2001）38 ～ 39 頁

18 前掲萩野敏雄（1996）431 頁

19 前掲萩野敏雄（1996）136 頁

20 以下の記載は主として　林野庁経済課編（1951）森林法解説、林野共済会によった。

21 前掲保安林制度百年史編集委員会（1997）135 頁。同書では「従来の水源涵養林は干害防備林となり、新しく流域保全を目的とした水源涵養林が創設されたと考えたほうがよいであろう」と述べている。

22 森林法において保安林の指定目的として「水源のかん養」と表記されているため（第 24 条）、保安林種としては「水源かん養」とし、それ以外については「水源涵養」と表記する。

23 前掲保安林制度百年史編集委員会（1997）157 頁

24 前掲萩野敏雄（1996）233 頁

25 横瀬誠之（1954）保安林整備臨時措置法のもたらすもの、林業技術 150、5 ～ 7 頁

26 畠山武道（2008）自然保護法講義、北海道大学出版会、224 頁

27 環境庁自然保護局（1981）自然保護行政のあゆみ―自然公園五十周年記念、第一法規出版、110 ～ 111 頁

28 坂本淳（1954）森林計画の実施状況、会報 24 号、4 頁

29 森林計画研究会（1953）森林法の実施状況について、会報 12、1 頁

30 坂本淳（1955）森林計画事業の現況とその問題点、会報 30、9 ～ 16 頁

31 前掲森林計画研究会（1953）1 ～ 2 頁

32 前掲坂本淳（1954）4 頁

33 浅井理市ら（1956）座談会　森林計画制度は今後いかに展開すべきか（上）、会報 33、17 頁

34 前掲保安林制度百年史編集委員会（1997）125 頁

35 前掲保安林制度百年史編集委員会（1997）149 頁

36 前掲保安林制度百年史編集委員会（1997）153 頁

37 農林省大臣官房総務課（1974）農林行政史　第 14 巻、農林協会、824 頁

38 中山哲之介（1974）日本林政論：基礎的考察、日本林業調査会、14 頁

39 木村晴吉（1955）保安林整備の悩み―保安林整備をめぐる諸問題、林野時報
　　3 （3）、52 ～ 57 頁

第3章
伐採許可制の廃止と保安林制度の転換

第1節　伐採許可制の見直し

第1項　1957年の森林法改正

森林法の改正に至る背景

　1955年には高度経済成長期に入り、1957年12月に政府は「新長期経済計画」を策定した。これに合わせて林野庁は「林業長期計画」を策定し、1995年までの長期的な木材需要の見通しを行ったほか、国産材の供給を支えるための「民有林造林5カ年計画」の策定を行うなど、経済成長戦略に歩調を合わせた林業生産活動をめざすようになった。国有林においては、1954年に発生した洞爺丸台風による風倒木処理をきっかけに伐出作業の機械化が一気に進み、1958年には生産力増強計画を策定するなど、国産材の供給増加のための増伐が進んだ。また、木材需給の逼迫による木材価格高騰への対応として、1960年前後には相次いで外材輸入の自由化が行われた。

　森林計画の第1期が1957年に終了することもあって、1955年ころから森林法の改正準備が進められた。すでに1952年には森林計画制度の導入を推し進めた占領政策は終了しており、独自の林政展開が可能となっていた。前述のように、薪炭需要の減少などにより広葉樹に関しては伐採申請量が伐採許容限度数量を大きく下回り、伐採許可制度の意味がないという議論が行われるようになった。また1956年には造林未済地は解消しており、戦時体制下の乱伐からの資源の復旧という緊急課題はとりあえず解決をみていた。以上のように戦時中の過伐による資源劣化の対策が終了し、高度経済成長を支えるための生産力の増強が大きなテーマとなったことから伐採許可制が桎梏として認識されてきた。

1957年の森林法改正の主な内容

　以上を背景として、1957年に森林法の一部改正が行われた。主要な改正点をまとめると以下のようになる[1]。

　第1に、普通林における適正伐期齢未満の広葉樹の伐採許可制を廃止し、

届出制に改めた。適正伐期齢未満の針葉樹及び制限林の伐採については従来通り許可制とした。伐採の許可は年2回であったものを、所有者の便宜を図るために年4回とした。また、人工植栽すべき林地に対して森林区実施計画において造林指定を行い、その林地の所有者に通知をしていたが、これを廃止した。このほか保安林について、許可された伐採でも、適正な伐採を行わないため著しく公益を害すると認められる場合には、都道府県知事は伐採の許可を取り消すことができるとした。

第2に、公有林の資源状況の改善と経営の振興をはかるために、適切な経営計画を立てるよう都道府県知事が支援を行うこととし、都道府県知事の認定を受けた経営計画に従って施業を行う公有林については、立木伐採についての別枠の許容限度を設け、その許容限度の範囲内において立木を伐採する場合には伐採の許可を要しないこととした。

ここで注目すべきことは、広葉樹伐採許可制の廃止には、針葉樹材の需給逼迫の問題を解決するため、広葉樹林の針葉樹人工林への林種転換を進めようとする意図もあったことである[2]。広葉樹の伐採許可制廃止は、単に許可申請が少ないため制度が不要になったというだけではなく、積極的に林種転換を進めようとする意志が背後にあった。

部分的な改正にとどまった理由

1957年改正は伐採許可制を広葉樹に限って廃止する部分的なものにとどまった。この理由としては一気に規制を撤廃することへの林野庁の躊躇があったとされている。当時の担当者であった松下は、「特に伐採制限を全面的に撤廃することは、造林、林道などの補助金の根拠を危うくしやしないか……それについこのあいだまで、森林資源は今すぐにも、なくなりそうだといっていて、舌の根も乾かぬうちに」[3]とみられる懸念があったと述べている。萩野は、森林計画発足から4年で広葉樹を伐採規制から外すのは、「それまでの伐採規制そのものが無意味であることをものがたる」が、「林野庁としては、いっきょに規制撤廃することは森林計画制度の根幹にかかわるためにふみきれ」なかったと総括している[4]。

このように1951年改正で導入された伐採許可制は、その制度的意味が抜

本的に問われる事態となっていた。手束は、1951 年森林法の伐採許可制に対して、「おそらく NRS（GHQ 天然資源局（筆者注））当事者は、…自己の受け持ち分野である林政について、母国では不可能な理想の占領国における実現に幼い使命感を持ち、純粋に森林の保全と蓄積の保続策を強調したに過ぎないと見るのが妥当であろう」[5]という辛辣な評価を行っている。

　なお、1956 年に林業技術普及員と林業経営指導員の職務が統合され、この二つの職務を合わせたものが林業普及事業と呼ばれるようになった[6]。統合が行われた理由としては、第 1 に、森林所有者に森林計画の内容の理解と実行を期するには所有者の自主的な協力と実行意欲が必要であり、森林計画の実効性確保のためには普及活動の役割が重要であること、第 2 に、普及活動における林業経営の改良と私経済の向上及び自主性の確立は森林計画がめざす国家的要請につながることが挙げられていた[7]。林業経営指導員が担ってきた伐採許可という権力的な資源監督業務と、普及職員が担ってきた教育・普及の事業が単一の人格によって行われることとなったのは、伐採許可制による伐採コントロールの重要性の低下と、林業生産活発化のための普及の重要性の表れということができよう。

木材需給計画と森林計画のリンク

　1957 年の森林法改正自体は、大きな改正ではなかったが、この改正法のもとで 1958 年に策定された第 2 期森林計画は第 1 期とは大きく異なった考え方に基づいて策定された。大きな特色は、林野庁内部で検討されてきた林産物の長期需給の見通しを計画の基礎に据えたことである。林野庁計画課技官であった鈴木は「国民経済上必要とする需要量を想定して『生産目標』を決定し、これに向かって『林業政策』という力を結集する考え方、到達すべき目標を明示して森林計画により積極的にこの実現を図ろうとすることは第二期森林計画事業の特色である」としているほか、「第二期においては従来のような荒廃防止的な消極的資源計画を脱皮し森林生産力を増強する方向へと発展するため、地域的にまた期間的に調整された基本計画区について国、民有林を通じて奥地未利用林の早期開発と林種転換による拡大造林を促進する」[8]と述べている。伐採規制的な性格づけが弱まり、経済政策に従属した、

需給を基礎とした生産力主義の森林計画へと大きく転換したといえる。林業基本法のもとでの木材需給計画に従属する森林計画という構造は、すでにこの時点で形成されていたのである。

　経済企画庁で新長期経済計画における林業部門の計画策定を担当した塩島は、策定の経緯を振り返り、「木材の要請量は非常な多量に達したので、奥地林の開発、林種転換等による将来の林力増強を必須の前提として最大限の生産を見込んだ」と述べた。そして、これを実行するのは、「多額の投資を必要とし、零細所有が多くしかも資金の固定する林業においては容易ならざる業である」とし、「財政投融資の強力な支援が必要」[9]と指摘した。このように新長期経済成長計画のもとでの林業計画・需給計画は、木材需要をいかに充足するかという課題に強く牽引されたものとなっていたのであり、森林計画もこれに奉仕する性格を明確化させたのである。

　1951年森林法は伐採許可制を重要な柱としたが、それは基本的には伐採量コントロールによる森林資源の保続をめざしたものであり、森林の物量的側面に基本を置いた計画体系であり、それゆえに経済計画という物的計画につながりやすい性格を持っていたということもできよう。

第2項　1962年の森林法改正に向けて

木材生産増強に向けた技官の意識

　以上のように1957年の森林法改正が部分的であったため、木材生産増強の方向性に向けて森林計画制度の抜本的改正の必要性が主張されるようになった。

　法改正時に林野庁計画課長であった山崎は、1957年に出版した『これからの森林計畫』において、「新しい林政の基調は、資源政策から経済政策への方向であり、その目標は言うまでもなく林業経営の経済性の確立と山村の振興」[10]であるとし、民有林の生産力を増強させるために森林計画制度が役割を果たすべきと論じている。そして、今後の方向性として「国民経済のあるべきところを想定した長期の計画を立てる必要があると考えられる」[11]とし、「生産力向上を図るために、行政上の監督は最小限にとどめ、自主的な

意欲にもとづいて合理的な経営に持っていくよう指導」することが重要と指摘し、「森林計画制度の中に経営計画を取り入れる」[12] ことを主張している。また、1959 年時点で計画課長であった浅川は私見と断りつつ、木材の需要が森林の生産力（成長量）を遥かに上回っている深刻な現実を前にして「保続を考えて伐採量を定める」という従来の方式から「伐採量を定めて保続を考える」[13] 必要性を主張した。

　こうした問題意識は都道府県の技官の間でも共有されており、森林計画研究会会報にもいくつかの意見表明が行われている、最初にこうした意見を提示したものとして、1957 年に佐賀県の山田による「積極的資源政策を実現するみち」と題する論稿があり、これまでの森林計画は「してはいけない」方式をとっており、この仕組みでは生産力の向上は難しいとして、「『してはいかがですか』式考えに変わることこそ真に積極的資源政策の実現の第一歩を意味する」と主張した[14]。また、林業基本問題の検討が行われていた1960 年の会報には、林業振興への政策転換を主張する論稿が続いて出されている。例えば、宮城県の大友は「資源政策を強調するあまり林業経済の発展を無視したり軽視することは危険であり、林政の主点はあくまでも林業経済の発展」であるとして、森林計画の方向性として営林の助長、伐採制限の緩和を検討すべきだとしている[15]。また、長野県の市川は現行森林計画制度の問題として、計画内容が実態と遊離していることを挙げ、その要因の一つとして地域経済計画との有機的関連の無さを指摘している。そのうえで「資源政策が、国民経済の発展につれ、長期経済計画の中の、林業経済計画としての使命を果たさなければならなくなっている」として、森林計画は生産基盤の安定・成長を重視すべきであり、農山村の経済の安定・成長に寄与すべく地域経済計画との連携を図るべきだと主張した[16]。

　なお、1960 年 8 月には、計画課計画班長の個人名で、都道府県・国有林において森林計画業務を担当している者を対象にアンケート調査を行っている。回答者数 94 名の段階での中間集計の結果は以下のようであった。1962年から始まる第 3 期森林計画において現状計画を改正する必要があるかという設問に対しては、計画制度を改革する必要があるとする者 93 名、改正する必要なしが 1 名で、圧倒的多数が改正の必要を認めている。森林計画の目

的については資源政策と保全政策を重点とする現行内容でよいが11名、産業政策を盛り込むとする者が64名であった。伐採の規制制度に関しては現行制度がよい4名、普通林のみ届出制・制限林は許可制維持38名、保安林を除き伐採許可・届出制廃止12名などとなっていた[17]。このように産業政策観点の導入・伐採規制緩和など林業生産活性化に対する志向性が強い回答結果であった。

計画制度の「性格」づけに関する議論

　一方、計画制度の「性格」の混在を指摘する声も上がり始めた。先に、経済政策としての林政を強調した大友の論稿を紹介したが、同じ論稿の中で「『権力的行政と指導行政』の併存などの異質的なものが含まれているにもかかわらずそれらをすべて包含して追求しようとしているところに問題がある」[18]と指摘している。また、北海道の中村は、「営林の助長および監督」という用語に端的に示されているように「営林監督的なものと経済的なものが混在している」とし、「国家経済の一環としての資源計画的なものと、地域産業の中における林業を育成助長するような経営指導的なものと、2本立てで進めるべき」[19]と主張している。

　林業改良指導員の性格付けも改めて議論されるようになった。例えば、京都府の林業改良指導員は、林業改良指導員の職務が国土保全的な見地からの計画制度強化と、私経済向上のための普及事業の推進という二つの業務を行わなければならないとしたうえで、これまでは「国土保全的意味を強く打ち出し営林の助長にのみ偏し、私経済向上のための措置は比較的軽視され」てきたとし、「警察官的な考えは現に慎み、森林所有者に対するよき相談相手となってこそ、森林計画と普及の業務も地に足をつけることが可能となるであろう」[20]と主張した。また、林野庁の坂本は、「森林計画が当初の消極的な資源保続にとどまっている間は普及活動の分野は狭小であった」が「昭和32（1957）年に森林法の一部改正が行われてからは、森林計画においても積極的に森林生産力の増強を取り上げることとなり、これに伴って普及活動の担当すべき分野も拡大され」たとし、普及事業強化を今後の重要な方針とすべきとした[21]。

これまでの森林計画体系の基本は成長量に基づく伐採量コントロールにおいていたが、経済志向が強くなればなるほど、規制よりも助成・教育・普及の重要性が高まっていく。こうした中で森林計画制度や普及指導事業の性格付けが改めて問題とされたのである。

基本問題の検討

　農林漁業と他産業の所得格差を問題として、1959年には農林漁業問題調査会設置法が公布され、いわゆる構造問題の検討が開始された。林業については部会を設けて検討することとし、1960年10月26日の総会を経て同日付で総理大臣に「林業の基本問題と基本対策」が答申された[22]。この答申では計画制度についても言及されている。

　この答申では、「消費者に対し経済的に林産物を供給し、人的、自然的資源の有効な利用を促進し、就業者の生活水準の向上をもたらすことによって、現在より以上に、わが国経済の成長、発展と社会生活の安定、向上に寄与することができる」という考え方に立って、政策の方向付けとして、第1に生産の増大と生産性の向上、林業就業者の所得の均衡的増大、第2に構造改善の二つを示し、構造改善の目標としては自立的家族経営林業の確立をかかげた。

　森林計画に関わる諸政策は生産政策の中に位置づけて言及されている。生産政策の「方向を規定するものは、需要の見通しであり、また政策決定の目標を与えるものは、生産及び供給の見通しである」としたうえで、20年後の林産物需要量を6,600 ～ 7,800万 m^3 程度と推計し、「上限の需要に可及的に対応していくことを目途とし」、「今後20年間の木材生産の成長率の目標を2.5％と設定した」。その上で、当時の森林計画の目的は主として森林資源の保続、維持を図ることに置かれ、その性格は「行政庁によって作成される『上から』の制度たるところ」にあるとし、「林産物需要構造の変化と林業経営の実態に十分に即応し得ないのみならず、行政運営上の効率からみても問題がある」と批判した。そして改正の方向性として「積極的な生産の増大および生産性の向上と林業構造の改善合理化という新たな林業政策の重点に即応しうるような方向を考えることが望ましい」とし、改正の重点として「林

業経営者に、…生産の増大および生産性の向上のために必要な諸事項を積極
的に考慮した総合的な経営計画を作成せしめる」ことや、この作成・実行を
確保するための、指示・勧告などの行政措置や指導普及を重視するほか、補
助・助成・税制上の措置について考慮すべきとしている。また、伐採調整資
金を廃止し、構造改善の目的に沿うような森林担保金融を考えるべきとし
た。

　ここで注目されるのは個別林業経営を発展させるという生産政策の基本方
向にそって、森林計画制度の改革の必要性を主張していた点である。『林業
の基本問題と基本対策　解説版』では、「現在の計画制度は、個別経営に立
脚した経営計画ではない」ので個別経営の発展には対応できないとし、計画
制度を改正するときに重視すべきこととして林業経営者が主体的に経営計画
を作成し、さらに経営計画の内容は単なる植伐計画ではなく、資金計画・労
務計画等個別経営の生産の増大や生産性の向上に必要な事項を含んだもので
なければならないと述べている[23]。

　このように森林計画を資源計画・保全の手段から、林業経営者の動員・林
業生産増大・生産性向上の手段へと変え、森林計画の性格付けを根本的に転
換することを提起したのである。

　しかし、こうした提起が行われたものの、林野庁内における具体化はその
後しばらく停滞する。その理由として1961年に発表された木材価格安定緊
急対策が注目を集めて調査会答申から関心が離れたこと、林業理論の水準か
らも行政の態勢からも建設的に検討する素地が欠けていたことが指摘されて
いる[24]。行政の態勢に関して言えば、基本法制定時に林野庁長官であった田
中重五は、資源の保続培養を基本にすえてきた「林政上の古典的保守主義
は、基本問題における所有の充実とか、社会的地位の向上という個々の林業
の担い手の、下からの経済的要求の課題に当面して、それへの対応の仕方に
当惑したというのが正直なところであろう」[25]と述べ、林野庁内において経
済的な内容を森林計画制度に盛り込むことに関する強い戸惑い・議論があっ
たことを示している。こうした状況の中で第2期森林計画の終了が迫ってい
たため、森林法の改正がまず議論され、これに続いて林業基本法の議論が始
まるという経緯をたどった。

第 2 節　1962 年の森林法改正

第 1 項　改正に向けた検討

伐採許可制の存廃をめぐる議論

　以上のように、林業生産の拡大強化が政策圧力として続き、基本問題調査会答申によってさらにその対応を迫られる中で、森林法の改正作業が進められた。主要な論点は伐採許可制の存廃と、経営計画制度の創設であった。

　基本問題検討と前後して、農林大臣から中央森林審議会（中林審）に対して「林業振興上の諸問題に関して貴会の意見を求める」旨の諮問があった（1959 年 12 月）。この審議は基本問題検討のため一旦中断したが、1961 年 2 月から審議が再開され、林野庁から森林法の改正試案が出されて検討が行われている [26]。試案は、基本問題答申を踏まえたものであり、国の森林計画は林産物の長期需要見通しに立った当面 5 年間の林業生産に関する事項等を総合調整して作成する、適正伐期齢以下の普通林針葉樹林に対する伐採許可制を廃止して届出制とする、林業経営改善計画と個別経営計画の編成を助長する、などとなっていた。これに対して中林審は、提案内容はおおむね妥当としつつも、伐採許可の廃止は決定しかねる、計画制度の目的達成のための実行確保措置を強化する必要がある、林業経営改善計画と個別経営計画の編成と実施に対しては特に強力な助成が必要であるという中間答申を行った [27]。伐採許可制の存廃はこれまでの森林計画制度の根幹に触れる問題であるが、中林審においては活発な議論が行われたわけではなく、規制は最小限とする誘導的政策へ転換するという基本方向については合意しつつ、現在が許可制廃止の時期であるかどうかについては合意をなしえなかった [28]。

　伐採許可制については林野庁の内部でも大きな議論があった。計画課が伐採許可制の維持を強く主張し、「計画課の原案は運用上の工夫をしながら伐採規制は何とか残す」ものであったが、業務課などが増伐要請の中で伐採許可制撤廃を主張した [29]。また、保安林との関係について議論があり、当時治山課にいた猪野は「普通林は野放しにしておいて、一方の保安林は非常に強

い制限を受けるというのはおかしいじゃないのか」ということで計画課長に
しょっちゅう「殴り込みに行った」と回想している[30]。1961年夏に行われ
た予算協議においても計画課は伐採許可制の継続を前提とした予算案を作成
したが、大臣官房は再考を促して差し戻した[31]。「官房の方から伐採規制を
はずさないと認められない」と言われたため、「吉村長官の断ではずさざる
を得ないということになり、…全部届出制にし、施業勧告制度を入れるとい
うかたち」で改正案が形成されたのであり、「伐採規制という思想は必要で
はないかということだったが…時代的背景から守りきれなかった」[32]とされ
ている。

　当時の計画課課長補佐の横瀬は、伐採許可制廃止が結果するものとして、
「計画自体が本質的に変質し、どちらかといえば林業改良普及の業務を進め
るための参考資料程度にしか役立たず、計画の中で編成者が意図している森
林生産保続のための森林施業の合理化プランは、それが実行される保障は皆
無に近いのである。従っていかに弁明しても森林生産の保続や国土保全に対
し責任を取りえないとの批判を甘受しなければならない」という見解を示し
た[33]。

　伐採規制廃止によって森林計画が本質的に変化するため、保安林について
は森林計画から切り離すこととした。計画課は従来通り計画制度の中で保安
林の施業要件を定めて伐採許可を行うことを主張した。これに対して、治山
課は森林一般に伐採許可制度があったので計画制度の中で運用する意味があ
ったが、伐採許可制度が廃止される中で、保安林だけの伐採許可を森林計画
に残すのは論理的におかしいと主張した。最終的には治山課の主張が採択
され、保安林の伐採許可・施業要件の指定は森林計画制度から切り離すこと
となった。さらに、「そうなれば本来農林行政に属していない自然公園法や
砂防法の法令に基づく伐採規制を、林業行政である保安林を除外しながら、
以前現行どおり森林計画制度として取り扱えることは……主張しがたいと判
断」してこれらも森林計画から除外することとした[35]。

経営計画制度創設の挫折

　一方、基本問題答申で提起され、林野庁内で検討されてきた所有者レベル

の計画の法案化には失敗した。所有者レベルの計画には資金や労務に関わる事項も含まれ、森林経営の経済的計画という性格を持っていたため、二つの点で制度化が困難と判断されたのである。第1は、森林計画制度と個別経営計画との性格の違いである。林野庁内では「森林計画の性格を、資源計画が主体で、これに若干の保全面について考慮した計画と規定したため」[36]、個別の経営計画をその体系の中には組み込むことができないと判断された。第2は、経済的性格の強い個別経営計画に対して予算を配分することの問題であり、「個別経営計画の編成について予算を確保する努力をしたが、……個別経営計画は、本来森林所有者自らが利潤追求の一助として編出すべきであって、国の計画である森林計画の中でそれと直結した個別経営計画を予算化することには、本質的に重大な疑問があるとされ、法制化は当分見送」[37]ることとなった。このため、普及事業の一環として個別経営計画策定の普及を進める方針が打ち出された。

第2項　改正の内容と実行に向けた準備

国会における審議

　森林法の一部改正に関わる法案は、1962年2月12日衆議院農林水産委員会に付託されて審議が開始されたが、その特徴は「国会は、基本法としての森林法改正審議という態度でのぞんだため、不満な面が多く出された」[38]ことであった。伐採許可制の廃止など計画制度の改正自体に関わる質疑は多くはなく、基本問題答申に基づく林業の構造改善をどう進めるのかに質疑が集中した。

　林業の構造改善については様々な議論が行われたが、法案は基本答申を踏まえておらず、構造改善に関わる措置がほとんど盛り込まれていないことが強く批判された。基本問題検討会答申を棚上げにして中林審答申にそった森林法一部改正を行ったのではないか、森林法を継ぎ足して基本法的な性格を持たせられると考えているのかといった法体系に関わる根本的な問題が指摘され、基本法の制定が強く要求された。さらに、構造改善をどう進めるのか今回の改正では全く見えないとされ、個別所有者の自発性に基づく森林経営

の確保が講じられていないことや、山村の経済振興や林家所得向上に関わる対策が講じられていないとの批判もあった。こうした批判を受け、答弁の中で政府は早急に基本法を提案することを約束した。

改正森林法は、衆参両院とも全員一致で可決されたが、衆議院においては8項目にわたる付帯決議が行われ、付帯決議の前文では「政府は、速かに、林業基本政策に根本的な検討を加え」ることを要求した。

新しい森林計画の仕組み

以上のような経過で改正された1962年森林法の下での森林計画制度の仕組みは、以下のようになる[39]。

第1に、従来の森林基本計画・森林区施業計画・森林区実施計画の3段階からなっていた計画体系を廃止し、全国森林計画と地域森林計画の2段階の体系とした。また、「重要な林産物の需要及び供給並びに森林資源の状況に関する長期の見通し」を立て、これに即して全国森林計画を立てることとした。

第2に、適正伐期齢未満の針葉樹伐採に残されていた伐採許可制を廃止し、普通林の伐採許可制を全面的に廃止し、届出制とした。

第3に、上記に伴って保安林の伐採許可制を保安林制度に移すとともに、自然公園の特別地域や砂防指定地の森林にかかる立木の伐採については、森林法上での許可を有しないこととした。つまり、森林計画制度の体系から規制的な内容がすべて外れることとなったのである。なお、保安林制度の改革に関しては節を改めて詳述する。

第4に、農林大臣及び都道府県知事は必要に応じて森林所有者に対して助言、指導その他援助を行うよう努めることとした。伐採許可制を廃止して森林所有者の自発性によって計画が実行されることを期待しているが、すべての所有者がそうした行動をとるような状況にはないため、行政からの働きかけを通してこれを確保しようとした。

第5に、勧告の制度を設け、都道府県知事は地域森林計画の達成に支障があると認められる場合には、所有者に対して具体的に遵守すべき内容を示して、施業改善を促すこととした。植栽の義務は廃止し、勧告制度の中で行う

こととした。

第6に、以上の改革を反映して森林計画の内容が変更となった。全国森林計画の事項は大きくは変化していないが、地域森林計画は伐採許可制廃止に伴って伐採立木の許容限度を削除し、適正伐期齢を廃止し、年平均成長量最大の時期を基準とし生産材の経済性を考慮した年齢を標準伐期齢として記載することとした。また、上述の指導・勧告を行うために、伐採・造林・搬出など施業について特に留意する必要がある森林と具体的な施業方法を示すこととした。

以上のように、木材需要の充足という強い要請を受け、森林計画制度は、規制的内容を一掃するとともに、私有林経営を助長政策によって誘導するという方向に大きく転換したのである。

需給見通しと全国森林計画の目標数値

以上の改正を受けて、林産物需給等に関する長期の見通しと全国森林計画が1962年10月に策定された。需給の見通しでは、需要量について1972年に8,500万 m^3、1982年に1億400万 m^3 と見込み、これに対して人工造林の拡大と林道網整備によって国内生産を増大させ、1972年には素材6,000万 m^3 のほか林地・工場残材800万 m^3 に達するとして国内供給を大きく見積もった数字とし、約1,700万 m^3 の木材輸入で需要を賄えるとした。（表3）

また、森林の資源の推移については、2003年度には総蓄積24億 m^3、人工造林面積1,300万 ha を見込んだ。

全国森林計画は1963年4月1日から10年間を計画期間として、上述の需給見通しに即して、保安施設の整備状況などを勘案して樹立された。この計画において立木の伐採については今後10年間に国有林2億4,000万 m^3、民有林5億7,700万 m^3 を計画したほか、造林については老齢過熟林・薪炭林を人工林に転換することとして、今後10年間に国有林85.0万 ha、民有林332.6万 ha の造林を計画した。また、保安林については保安林整備計画に基づいて15万7,000ha を指定することとした。

以上のように高度経済成長を支える木材需要の充足を最優先として、伐採・人工造林を積極的に行う森林計画が策定されたのである。

第3章　伐採許可制の廃止と保安林制度の転換

表3　1962年策定林産物需給長期見通しによる供給見通し（単位100万m³）

年度	木材			薪炭材
	国内生産量	輸入量	合計	
1960（実績値）	48	7	55	21
1972	68	17	85	14
1982	84	20	104	13
1992	102	19	121	12
2002	128	13	141	12

　なお、森林計画制度の中に位置づけることが断念された経営計画は、普及指導の一環として取り組むこととなった。林家の経営意欲は一般的に低い状況にあるため、モデル林家を設定して、個別経営計画の作成とその実行指導を普及指導の一環として行い、これを拠点として、個別経営計画の普及推進を図ろうとした。具体的には、林業改良指導員の地区主任担当地区が当時377あったが、年間1地区平均20戸、2ヵ年で40戸のモデル林家を設置することとした[40]。このように、計画制度が所有者の自発性によってその目標を達成するという形に転換する中で、普及事業による個別経営の指導が重要な位置づけを与えられたのである。

第3項　林業基本法の制定と森林法の改正

林業基本法案策定までの経緯

　1962年の第40回国会における森林法一部改正の審議で、政府は林業基本法を早急に策定することを約束したが、実際に基本法が国会に提出されたのは1964年4月であった。この間の経緯について簡単に見ておこう。

　中林審は1962年10月に「林業振興のための基本施策について」と題する答申を出した。「林業の基本問題と基本対策」では家族経営的林業を基本としていたが、中林審答申では、家族経営的林業は雇用労働力による林業経営と並置されており、「構造問題は答申の主要な論理的基礎という位置から答申構成要素の一因子としての位置に格下げされた」[41]。

　林業業界は基本答申に関して家族経営重視に異論を唱えていたことから、

47

中林審答申後、業界の基本法立法への関心は一層高まり、1962 年 11 月に行われた日本林業協会総会では中林審を踏まえた林業発展のための諸施策を求める決議を行った。

　以上のような議論の進展の中で、生産政策を主とした林業振興法的な立法を行うか、構造政策を主として基本法的な立法を行うのかについての議論があり、林野庁としても方向性を決めかねる状況が続いた。このため、1963 年の通常国会には森林組合合併助成法案と林業信用基金法案のみが提出され、両法案は可決されたものの審議の中で重ねて基本法の早期策定が要求されることとなった。また、自民党農林部会からも基本法の策定に対する強い要求があった[42]。

　こうしたことから、林野庁は 1963 年 6 月に「林業基本制度企画本部」を設置し、検討を開始した。検討にあたって定めた基本的な方針として、国土保全上の基本対策は森林法体系におき、基本法体系はこれと峻別した経済的側面にのみ光を当てるものとして対置させ、両者を車の両輪と位置付けることとした。また、家族経営的林業については、そもそも観念的な抽象論であり、これをもとに日本の林業ビジョンを形成することは困難であるとして、法案策定過程においてこの概念は外された[43]。

　国会に提出された林業基本法案をめぐっては、社会党を中心に野党が対案を提示するなど活発な議論が行われた。社会党は基本法の制定に強い意欲をもっており、独自の法案策定作業を行い、1974 年 3 月 31 日に政府案の提案に 2 日先んじて森林基本法案を提案して対決の構えを示した[44]。

　政府案と社会党案の最大の違いは、政府案が森林法に対置させて産業法としての性格に純化させていたのに対して、社会党案は「森林基本法」という名称にも表れているように、森林資源の維持と国土保全を林業の発展と並べて目標に据えている点にあった。このため施策内容についても政府案が「生産の増進と構造の改善などを総合的に推進して林業の発展を図ろうとするのに対して、森林基本法案は、林政基本計画、森林計画など国家計画制度の運用を重視していた」[45]。

　政府側は社会党へ説得を試みたが、「社会党側の最大の譲歩としてせめて『国土保全』関係を政府提案に挿入することを社会党は要求し、この修正に

政府与党が応じなければ、この法案に『反対』との態度を崩さなかった」[46]ため、修正が行われた。修正の主要な内容をみると、まず第1条の目的規定が政府案では「林業の発展と林業従事者の地位の向上を図り、合わせて国土の保全のため」としていたのを、後段部分を「あわせて森林資源の確保及び国土の保全のため」と修正した。また、国が講ずべき施策を規定した第3条の2項において、政府案が「地域の自然的経済的社会的諸条件を考慮して講ずる」としていたものを、この前に「国土の保全その他森林の有する公益的機能の確保及び」という文言を付け加えることとした。また、第9条（修正後第10条）の林産物の需給等に関する長期の見通しに関しては、政府原案で政府は「重要な林産物の需要及び供給並びに森林資源の状況に関する長期の見通し」を樹立するとしていたものを、「森林資源に関する基本計画並びに重要な林産物の需要及び供給に関する長期の見通し」とした。

林業基本法の成立とその特徴

　以上のような経緯を経て成立した林業基本法は1964年7月9日に公布され、即日施行された[47]。その内容を概括すると以下のようになる。

　まず目的として、「林業の発展と林業従事者の地位の向上を図り、あわせて森林資源の確保及び国土の保全のため、林業に関する施策の目標を明らかにし、その目標の達成に資するための基本的な施策を示すこと」を設定した。そして、施策の目標として、「林業総生産の増大を期するとともに、他産業との格差が是正されるように林業の生産性を向上することを目途として林業の安定的な発展を図り、合わせて林業従事者の所得を増大してその経済的社会的地位の向上に資する」ことを掲げた。その上で以上を達成するための政策として、林野の林業的利用の高度化、林地の集団化・機械化・小規模林業経営の規模の拡大など林地保有の合理化、林業技術の向上、近代的な林業経営を担当するものなどの養成を行うこととし、その際国土保全や森林の公益的機能に配慮することとした。また、これら施策の実施にあたって政府が必要な法制上・財政上の措置を講じるほか、国及び地方公共団体に対して林業従事者の自主的な努力を助長することを求めた。

　林業生産増進及び林業構造の改善（第2章）では、まず政府は「森林資源

に関する基本計画（資源基本計画）並びに需要な林産物の需要及び供給に関する見通し（需給の見通し）」を立て、これを公表することとした。また、国は上記基本計画・見通しを参酌して林業基盤整備や造林の推進などに必要な施策を講ずるとし、林業経営の近代化・健全な発展や小規模林業経営の規模拡大、森林の施業や経営に関わって協業の促進、林業構造改善事業の助成などに関わる施策を行うことを規定した。このほか、国有林の管理経営、林業従事者、林政審議会に関する章を置いている。

　林業基本法の成立に合わせて森林法の一部改正も行われた。林産物の需給に関する長期の見通しが森林法の体系から外され、林業基本法第10条において規定された資源基本計画と需給の見通しに即して、全国森林計画を策定することとした。1962年の森林法改正によって形成された木材需給計画に従属する形で森林計画を策定するという基本的な構造は変わっていないが、森林法が資源法的な性格へと再び純化し、林業基本法という産業法に従属することとなった。

　林業基本法の成立にあたって社会党による修正が入ったことに対して、田中は「『森林法』に対するものとして位置付けたつもりの『林業基本法』の性格を極めて曖昧にして了った点で、この法案の意義を著しく減殺したといわざるを得ない」としている[48]。また、坂元も「本来純粋に林業の経済的方策を志向しようとした基本法は修正されたいわゆる資源政策的片鱗を内部に混合しつつ成立する結果となった」とし、「複雑な理解を必要とすることとなった」と指摘した[49]。一方、東京大学の大崎は森林計画制度との関係性を明確に打ち出してその強化を図ろうとした点で「社会党のほうが先駆的な役割をつとめていたと考えられてならない」[50]と評価していた。

　社会党案は、のちの森林・林業基本法につながる内容を持っていたが、林業生産の発展を最優先課題とする状況下において受け入れられることはなく、また、政府原案に修正が加えられても、その基本的な性格が変わったわけではなかった。

第3節 保安林制度の改革

第1項 森林法の改正と保安林制度の改革

保安林制度改革の背景

　1962年の森林法改正は保安林制度についても大きな変化をもたらした。まず、保安林制度の改革に至る流れについて整理しておこう。

　1954年から実施された保安林整備計画のもとで、保安林として指定すべき森林の調査が行われ、1959年ころまでには目標とする保安林面積の確保については見通しがついた。一方、この調査を行う中で保安機能を十分達成できない林相を持つ保安林が多く存在することがわかり、こうした保安林を改良するための施策の必要性が認識されるようになった。このため、1960年度から民有林補助治山事業の一つとして「保安林改良事業」が実施され、災害によって改良を要する状態になった保安林について改植・補植などを行うこととした。このように保安林指定面積の拡大を図る中で、保安林の質的な問題も認識され始め、その改良が政策的な課題に上ってきたのである。

　一方、森林計画制度において伐採許可制の廃止方針が固まる中で、従来森林計画制度の中で行われていた保安林の伐採許可についても見直す必要が出てきた。このため、中林審に保安林の部会が設置され、保安林制度のあり方全体に対して再検討が行われた。森林計画制度の改革を述べた第1次答申を踏まえて、1961年10月27日に第2次答申として保安林制度についての答申が行われた。この答申では保安林の管理体制の不備・管理の不徹底・手続きの簡素化の三つを主要な課題として、管理責任者の明確化や、保安林管理業務の整理・森林法での明文規定化などを求めた。以上を踏まえて林野庁内で森林法の改正試案に向けた検討が行われたが、認識された課題は以下の通りであった[51]。第1は管理体制の不備であり、施業規制は行われても、指定目標を達成するための積極的な行為については担保されず、これを確保するための管理体制も整備されていなかった。第2は事務の煩雑さであり、指定解除などの事務が煩雑で迅速な処理が妨げられる面があった。第3は制度の

一貫性の欠如であり、保安林の伐採許可が森林計画の中で扱われることは保安林制度の一貫性を損なっていた。

前述のように保安林改良事業も1960年度からスタートしており、保安林の機能確保に関わって規制的手法のみではなく、積極的に整備を進めることが重要な制度的課題となり、保安林伐採許可を森林計画制度から切り離すとともに、積極的な整備によって保安林の管理を充実させる方向で検討が進められたのである。

保安林制度改革の主な内容

以上の背景によって行われた1962年森林法改正による保安林制度の改正内容は以下のようであった。

第1に、施業要件と立木伐採の許容限度について、従来森林区施業計画及び森林区実施計画で定められていたが、これを計画制度から外し、指定施業要件として個々の保安林ごとに定めるとともに、これを都道府県知事に通知し、知事は所有者に通知することとした。指定施業要件とは、立木の伐採方法、伐採限度及び立木を伐採した後に行う必要のある植栽方法、期間、植栽樹種を示すものであり、政令で定める基準に準拠して定めることとした。

第2に、伐採制限に関する条項を普通林から独立させ、伐採を行う場合には都道府県知事の許可を得なければならないこととした。知事は伐採許可申請が指定施業要件に適合し、伐採の限度を超えないと認められる場合はこれを許可しなければならないとした。なお、伐採の限度を従来は材積で表していたが、皆伐に関しては面積とした。

第3に、保安林の適正な管理の確保に関する仕組みを整備した。保安林に関する植栽の義務を明確化し、不履行者に対して造林命令が出せるようにしたほか、無許可で伐採した者、許可条件に違反して伐採した者に対して伐採の中止を命じることができるようにした。また、農林大臣及び都道府県知事が保安林に関わる制限の遵守や義務遂行について指導・援助などを行い、保安林の機能確保に努めることとした。

指定施業要件に関わる基準は1962年7月2日に公布された森林法施行令の一部を改正する施行令において規定された。これを1951年制定の施業基

準と比較すると、表4のとおりである。1951年の基準は単木択伐を基本としていたが、1962年の基準では水源涵養・風害・干害・霧害の防備を目的とする保安林については伐採種を定めないこととした。保安林の施業規制について箇所ごとの規制の内容が明確となるようにするとともに、その規制内容を緩めたのである。

なお、皆伐のできる保安林の年間伐採面積の限度を、流域内の同一条件の保安林面積を標準伐期齢で除した面積とし、1箇所の皆伐の限度を20haとしたが、20haの根拠は、「伐採区域ができるだけ二つの小支渓にまたがらぬようにすること、また区域の広さを森林の防風効果の範囲内にとどめる」[52]ためとされた。

表4　1962年森林法の下での保安林の指定施業要件

保安林の種類	森林基本計画に定める事項・保安林及び保安施設地区の施業要件指定基準表（1951年）		森林法施行令一部改正別表（1962年）	
	植栽	伐採方法	植栽	伐採方法
水源かん養林	原則として現在樹種の天然更新による	単木選抜法（単木択伐法）を主とする。ただし、指定目的を害しない範囲でその一部に対し、樹種、林層の改良または跡地更新のため区域を指定して皆伐することができる	伐採後2年以内にha 3000本以上、指定施業要件が定める樹種	原則として伐採種の指定をしない。皆伐に関して一定の制限
土砂流出防備林				原則として択伐
土砂崩壊防備林				原則として択伐
風害防備林	同上	単木選抜法（単木択伐法）を主とする。ただし、指定目的を害しない範囲でその一部に対し、樹種、林層の改良または跡地更新の確保上、小面積の伐区施業を行うことができる		原則として伐採種の指定をしない。皆伐に関して一定の制限
干害防備林				
霧害防備林				
飛砂防備林				原則として択伐
水害防備林				
潮害防備林				
雪害防備林				
魚つき林	同上	同上		原則として択伐
保健林				
風致林				
雪崩防止林	同上	原則として禁伐		原則として禁伐
落石防止林				
火災防止林				
航行目標林				原則として択伐

資料：保安林制度百年史

改正森林法の施行以前にすでに保安林に指定されていた森林については指
定施業要件が定められていなかったため、これらについての指定施業要件の
指定を進める必要が生じ、経過措置として法律の施行の日から5年以内に指
定施業要件を定めることとした。

第2項　保安林整備臨時措置法の延長

保安林整備臨時措置法延長の背景

保安林制度の改正とほぼ時を同じくして、1954年に10年間の時限法とし
て制定された保安林整備臨時措置法の延長が課題となった。この当時の保安
林の整備を巡る問題は以下のようであった。

高度経済成長が本格的に展開していた当時、工業用水や生活用水の需要が
伸長する一方で供給が追い付かず、東京では1961年から65年の間に1,259
日間の給水制限が行われるなど、水不足が深刻な問題となってきた。水資源
の確保が重要な政策的課題となり、1961年には水資源開発促進法が制定さ
れ、「水源の保全かん養と相まって、河川の水系における水資源の総合的開
発及び利用の合理化を図」ることとした。このように水資源確保という文脈
の中で、水源涵養機能の確保が重要な課題となってきた。

中林審が1962年10月26日に出した「林業振興に関する基本的施策につ
いて」の答申でも、第7項目に「国土保全及び水源かん養の機能の確保」が
置かれ、「治山事業を計画的に推進し、保安林の配備を適正化し重要保安林
による買い入れを存続する」ことが明記された。

以上のように、保安林の整備が依然として重要であり、そのために必要と
される方策も保安林整備臨時措置法においてカバーされていたことから、保
安林臨時措置法を単純延長することとし、1964年1月29日に国会に附され
た。法案が単純延長ということもあって、特に紛糾するような議論はなかっ
たものの、流域別の保安林の配備状況が科学的根拠に基づいて行われている
のか、また今後の配備についても科学的根拠を持って進めるべきであるとの
指摘があり、これについて1964年度に行うという答弁がなされた。法案は、
1964年3月28日に衆議院本会議、同年4月24日に参議院本会において原

案通り可決され、同年 4 月 27 日に施行された。

第 2 期保安林整備計画の主な内容

　保安林整備臨時措置法の一部改正に伴って第 2 期保安林整備計画が策定されることとなったが、策定に先立って、水源かん養保安林の機能の計量的な評価と、その結果に基づく配備方針を定めた。この当時、保安林に課せられた最大の課題は水資源の確保であり、水源かん養保安林の指定をさらに進めようとしていたが、従来の指定に関する方針は抽象的であるという問題点が指摘されていた。このため、法案提出と並行して配備方針の検討が行われ、1964 年 9 月に「水資源確保のための保安林配備要領」が策定された。その基本的な考え方は、「森林の水源涵養機能を地帯別に具体的に計量化し、これによって森林がその流域で水資源確保上果たすべき役割を明らかにして、その結果に基づいて水源涵養林を配備しよう」ということであった。具体的には全国を 216 流域に区分し、「流域ごとに林地からの水流出量と各種用水の需要量とを基にして、その流域が必要とする水源涵養保安林の総量を算定し、次いでその位置づけを行う」[53] こととした。1956 年に定められた保安林指定要領は水源かん養保安林の目的を「皆伐の面積を制限することにより、流域保全上重要な地域にある森林の河川流量調節機能を高度に保ち、洪水の防止または各主要水源の確保に資する」とし、洪水の防止を主眼としていたが、新たに策定された要領は、水資源確保を基本的考えとし、水の需要と流出量の兼ね合いで配備方針を決めるなど、水源かん養保安林の機能について水資源確保を明確に位置づけたといえる。

　第 2 期保安林整備計画は 1964 年 12 月に策定され、内容は以下のようであった。第 1 に、水源かん養保安林を主体とする流域保安林の拡大強化を図ることとし、水源かん養保安林の配備に関しては新たに定めた配備要領をもとに科学的に行うこととした。第 2 に、保安林等の買い入れについては、水資源保全の観点を考慮して検討することとした。また、保安林施業の合理化や保安林管理の適正化を図って保安機能の向上を図ることとした。保安林の施業については、その指定目的を達成するために目標とすべき林相などを想定し、これに誘導するための伐採、造林などに関する指針を定めることとし

55

表5　第2期保安林整備計画における保安林整備目標及び実績（単位：1,000ha）

	1963年度末保安林面積			第2期 保安林整備計画目標面積			1973年度末保安林面積		
	国有林	民有林	計	国有林	民有林	計	国有林	民有林	計
水源かん養	1,374	1,269	2,643	2,799	2,230	5,029	2,881	2,330	5,211
土砂流出防備	498	677	1,175	553	792	1,345	299	623	851
土砂崩壊防備	10	29	39	12	32	44	14	29	43
小計	1,882	1,975	3,857	3,364	3,054	6,418	3,517	3,210	6,727
その他	67	153	220	79	165	244	79	160	239
合計	1,949	2,128	4,077	3,443	3,219	6,662	3,596	3,370	6,966

資料：保安林制度百年史

表6　伐採種別保安林面積（1973年3月31日現在）（単位：%）

	国有林				民有林				合計			
	禁伐	択伐	皆伐	計	禁伐	択伐	皆伐	計	禁伐	択伐	皆伐	計
水源かん養保安林	4	27	69	100	0	2	98	100	2	16	82	100
土砂流出防備保安林	6	60	34	100	1	20	79	100	3	37	60	100
土砂崩壊防備保安林	5	33	62	100	0	8	92	100	3	21	75	100

資料：保安林制度百年史

た。

　保安林配備目標及び実績について表5に示した。水源かん養保安林を整備計画期間中にほぼ2倍に増大させようとしていることが大きな特徴であり、水源かん養保安林整備に重点を置いたものであった。

　第2期保安林整備計画のもとでの保安林の配置は順調に行われ、特に1966年から71年にかけて急速な増大を見た。この結果1973年度末には、表に示したように水源涵養保安林については計画を上回って達成し、その他の種類の保安林指定は計画目標に届かなかったものの、水源涵養保安林の指定の増加が大きかったため、合計としても計画目標を上回った。

　こうして指定された保安林の指定要件に定められた伐採種別比率をみると、表6のようであり、皆伐の面積が高い比率を占めていることがわかる。

保安林制度改革の評価

　以上のように形成された保安林制度及びその展開はどのように評価された

のであろうか。

　まず、『保安林制度百年史』では、保安林制度改革の背後にあった考え方として、普通林の伐採許可制廃止との関わりでの保安林の位置付けの変化を指摘している。「一般の森林について伐採許可制度が廃止されること、および奥地天然林の開発もますます進行することを考えると、保安林制度はこれまで以上に国土保全の上で重要な使命を負わされることとなる。……森林計画制度が指導計画の方向に進めば進むほど、保安林制度が森林法における法的規制の中核をなすこととなるのは当然であった」[54] としており、計画制度から規制的性格が払拭される中で、保安林が施業規制の中心として位置付けられたことがわかる。

　ここでもう一つ付け加えるべきは、規制の中心を果たすことになったがゆえに、保安林にかかる施業規制を緩和したことである。施業規制の中核として保安林制度が位置付けられ、この目的を達成するために、施業規制を緩和しつつ、できるだけ広い面積の森林に保安林の網をかぶせようとし、「規制的性格を持った森林計画制度―強い規制で小面積の保安林指定」という組み合わせから「規制的性格を払拭した森林計画制度―緩い規制で大面積の保安林指定」という組み合わせへと転換した。

　こうした施業規制の緩和の背景には「立木の伐採について法的な制限を加えるという消極的対策よりは、国が強力な指導援助を行って森林所有者の林業経営意識をさらに高めることに務め、その自発的意思によって積極的に森林資源を造成していくほうが望ましい」[55] という考えもあった。施業規制による保安林機能の発揮から資源育成による保安林機能の発揮へという大きな方針の転換があった。

　以上のような保安林制度の変質について、保安林の普通林化として批判的な見解を示したのが中山であった。中山は 1962 年改正に関わって、保安林の植栽の義務を明確にし、施業に対して指導・援助を行うことに対して「伐採を前提としての造林補助的性格が強い」と指摘し、保安林の施業規制を弱めた点とあわせて、「この森林法改正による保安林性格は、規制を弱め造林を増大する林業経営的性格を肯定し」[56] たものであるとした。そして、第 2 期保安林整備計画が水源かん養保安林の広域的な拡大をめざしていることも

含めて、「普通林に対する営林監督的性格に推移しているといえる」として、本来であれば普通林に対する営林監督で行うべきことを、保安林制度の普通林化によって行ったと問題視した。

1962年の森林法改正で森林計画制度が施業規制に関わるルールの設定とこれに基づく施業コントロールという機能を喪失したことが、保安林の性格を大きく転換させたといえる。規制ルールの設定や個別施業の監督を保安林制度がほぼ一手に引き受ける形になり、保安林の規制緩和・面積拡大・資源育成が基本方向として据えられたのである。こうした点で保安林が公益機能発揮のための役割を果たそうとすればするほど、中山が指摘しているように「普通林」化していき、資源育成政策との連関が深まっていった。

第4節　鳥獣保護行政の展開

森林に関わって、森林法以外で利用規制を行う政策分野としては鳥獣保護（野生生物管理）[57]と自然公園の二つが代表的なものといえる。本節では鳥獣保護政策について、戦後から1963年の狩猟法の抜本改正までの流れについて土地利用規制に焦点を当てて述べる。自然公園に関わる施業規制に関しては、1960年代から活発化する自然保護運動の影響を大きく受けるので、これとの関わりで別の節を設けて論じる。

狩猟法の改正

戦後、1947年に狩猟法が改正されるが、それ以前の状況について簡単に述べておこう[58]。日本で初めて狩猟に関する法律が制定されたのは1895（明治28）年であった。当初より狩猟を禁止する場所を指定する狩猟制札制度が定められていた[59]。1901年に狩猟法が改正され、狩猟制札制度は鳥獣保護繁殖のためという目的を明確化したうえで禁猟区制度に改め、1950年の狩猟法改正まで鳥獣保護に関わる唯一のゾーニング制度となった。1947年時点での禁猟区の設定箇所数は、国設76カ所、県設144カ所であった。

さて、戦後の鳥獣行政は、米国の野生動物管理の専門家から野生鳥獣の減

少が問題として指摘され、鳥獣保護の性格を強める形で制度改革が進められた。1947年には狩猟法の施行規則が改正され、狩猟鳥獣の種類の半減、主要な狩猟鳥獣の狩猟期間の短縮など狩猟の規制を強化した。1950年には狩猟法が改正され、従来の禁猟区のほかに、新たに鳥獣保護区の制度を設け、農林大臣または都道府県知事は、鳥獣の保護繁殖を図るために、特に必要のある時は20年以内の期間を定めて鳥獣保護区を設定することができるとした。鳥獣保護区域内の土地または立木竹に関して所有権などの権利を有する者は、保護区設定者が行う保護施設の設置を拒むことはできず、また一定限度以上の水面の埋め立て・干拓、立木竹の伐採または工作物の設置は許可を要することとなった。禁猟区は単に狩猟を禁止する仕組みであったが、鳥獣保護区は保護施設の設置や土地利用規制を伴うもので、積極的な鳥獣保護繁殖の道を開く制度であった。

　鳥獣保護区は、1963年までに全国で19カ所、20万2,445haが指定されたが、そのほとんどは農林大臣による設置であり、知事によって設定されたものは北海道の大沼と濤沸湖のみであった。また、これら鳥獣保護区の多くは既に自然公園等に指定されているところが多かった。「いずれも経費その他の関係から十分な施設運営をなしえない現状である」[60]とされ、生息域の改善に向けた取り組みはほとんど行われなかった。こうしたことから、本改正は「予算措置が不十分なために思うに任せず、実質的には狩猟の規則を強めたにとどまった」[61]と総括されている。

鳥獣保護法の成立

　以上のように、1950年の狩猟法改正は不十分なものであるとされ、その後も野生鳥獣の減少の傾向が続いていることが問題視された[62]。一方で、空気銃事故の頻発や、違法・危険行為を行う狩猟者の問題も指摘され、狩猟行政の抜本的な改革の必要性が広く認識されるようになった。1958年には狩猟法が一部改正され、空気銃の狩猟登録制度を免許制度に改め、制限年齢を18歳から20歳に引き上げたほか、狩猟に関する講習会制度を設け、狩猟免許を受けるためには毎年講習会を受けなければならないこととし、法令違反者に対する免許取り消し制度を設ける等規制の強化を行った。また、鳥獣審

議会を農林省におくこととした[63]。しかし、本改正は狩猟免許等の規制を強めただけのものであったため、鳥獣保護に向けたより抜本的な法改正の必要性が高まった。

　野生鳥獣の減少については、鳥獣保護団体のみならず、狩猟団体も狩猟対象鳥獣の減少という点から問題とし、抜本的な対策をとる方向性で一致していた。鳥獣保護に関わる狩猟者のレベルを高めて、より適正に狩猟が行われるようにすべきという方向性も一致していた。

　こうした中で1961年に鳥獣審議会に対して野生鳥獣保護及び狩猟の適正化についての諮問が行われ、1962年に出された答申をもとにして、1963年に狩猟法の一部改正案が国会に提出された。この改正は、それまでの狩猟法の改正とは異なって、法律名も「鳥獣保護及狩猟ニ関スル法律」と変えるなど「全面的改正にも匹敵するほどの大改正」[64]であった。

　法律案は上述のような経緯を反映して、鳥獣保護の仕組みの強化と狩猟の適正なコントロールの二つを主たる目的としていた。主要な内容は、以下のようであった。

①法律の名称を「狩猟法」から「鳥獣保護及狩猟ニ関スル法律」に変え、鳥獣保護を前面に押し出した。

②法律の目的として、「鳥獣保護事業ヲ実施シ及狩猟ヲ適正化スルコトニ依リ鳥獣ノ保護藩殖、有害鳥獣ノ駆除及危険ノ予防ヲ図リモッテ生活環境ノ改善及農林水産業ノ振興ニ資スルコト」とする規定を置いた。

③都道府県知事は、鳥獣の保護藩殖を目的とする事業を実施するため、農林大臣が定める基準に従い、鳥獣保護計画を立てるとした。また、国は都道府県に対して鳥獣保護事業を実施するために必要な勧告、指導及び援助を行うよう努めるとした。

④鳥獣保護区の制度を整備した。これまで禁猟区と鳥獣保護区の二つの仕組みがあったが、禁猟区を廃止し鳥獣保護区に統一した。鳥獣保護区では狩猟を禁止するだけではなく、土地所有者は鳥獣保護のための施設[65]の設置を拒むことはできないとした。また、特に必要のある場合には鳥獣保護区の中に特別保護地区を設けることとし、特別保護地区においては一定限度以上の水面の埋め立てや干拓、立木竹の伐採、工作物の設置を許可制と

した。ただし、許可の申請があった場合、農林大臣または都道府県知事
は、鳥獣の保護等に支障があると認められる相当の理由がない限りは拒め
ないと規定した。

⑤狩猟制度について、狩猟免許制度を改正し、講習会の修了に加えて、鳥獣
の生息場などを勘案して都道府県知事が狩猟免許を与えることとし、当該
都道府県内のみで有効とした。また、一定地域における狩猟鳥獣が減少し
た時は、その増加を図るために3年以内の期間を定めて休猟区を設定でき
ることとした。

この法案に関する国会の議論では、鳥獣保護団体が提案していた原則狩猟
禁止とすべきといった質疑も行われたが、原案通りに全会一致で成立した。

本改正によって狩猟のコントロールを主体とした制度体系から、鳥獣保護
を大きな柱として組み込んだものへと大きく転換され、鳥獣保護事業につい
ては都道府県が計画を策定して主体的に関わる仕組みがつくられた。

鳥獣保護区の設定

従来の鳥獣保護区は土地利用規制などを伴い、国立公園指定地域など比較
的面積が大きい地域を少数指定するものであったが、本改正により特別保護
地区に移行することになった。ただし、実態調査のうえ、鳥類の繁殖上特に
必要と認められる以外の地域については、特別保護地区の指定を解除し、土
地所有者に対する制限の軽減を図ることとした。また、従来の禁猟区は鳥獣
保護区に移行するが、新たに保護施設設置の受忍義務が課せられるため、土
地所有者は一定期間内に異議申し立てができることとした。

なお、鳥獣保護区は農林大臣または都道府県知事が設定するが、設定しよ
うとする区域の面積のうち国有林の面積の占める割合が50％をこえず、か
つ、その区域が2以上の都道府県にわたらない場合は都道府県知事、その他
の場合は農林大臣が設定するとした。

以上のような方針で設定された鳥獣保護区は、表7のようであった。旧禁
猟区－新鳥獣保護区については法改正後、箇所数面積ともに増加していき、
特に都道府県設の指定が急速に進んでいった。また旧鳥獣保護区－新特別保
護地区については、国設については旧鳥獣保護区のうち特に繁殖に必要な地

表7　鳥獣保護法成立前後の鳥獣保護区等面積の推移

単位：ha、（　）内は箇所数

旧区分名		鳥獣保護区		禁猟区	
設置者		国設	県設	国設	県設
法改正前		183,221 （19）	19,224 （2）	407,756 （199）	357,894 （737）
新区分名		特別保護地区		鳥獣保護区	
	1964	77,492 （56）	5,688 （63）	680,243 （273）	593,267 （898）
	1965	75,147 （91）	11,054 （111）	685,453 （321）	755,423 （1160）
	1966	77,524 （121）	13,764 （124）	674,797 （366）	838,530 （1326）
	1967	81,744 （132）	17,736 （166）	732,547 （366）	838,530 （1692）

資料：鳥獣行政のあゆみより筆者作成

域以外について解除するという方針によって一旦指定面積が減少したが、その後指定が進み、箇所数は増加していった。都道府県設についても従来ほとんどなかったものが、法改正後に面積・箇所数ともに急速に増加していった。一方、特別保護地区について一か所あたりの面積を改正直後の1963～67年間の5年間でみると、国設で157.1ha、都道府県設で95.7haとなっており、旧鳥獣保護区に比較して小さくなっている。これは、厳しい規制のかかった小面積の保護区を全国に数多く設定しようとした方針の反映である。

　以上のように、都道府県が主体となって鳥獣保護の計画を策定し、計画をもとに鳥獣保護区の指定が進んでいったことは本改正の大きな成果であるといえる。ただし、特別保護区域は規制が厳しいため、指定面積は多くはなく、その多くは既存の自然公園地域や公的所有の土地などに指定されていた。また、野生動物管理の専門的行政を行う体制整備は行われず、野生動物管理の専門教育システムも近年になるまで存在しなかった。野生生物管理に関わる政策展開が本格的に進むのは、1990年代に入ってからであった。

脚注

1　農林省大臣官房総務課（1974）農林行政史　第14巻、825頁

2　1952年3月19日参議院農林水産委員会における八木一郎農林政務次官の法案
　　趣旨説明において「資源及び需給の関係並びに現在まで伐採許可に対する申
　　請状況等から判断いたしまして、針葉樹は従来通りに幼壮齢林の伐採規制を

存続する必要があると考えられるのでありますが、普通林の広葉樹につきましては、この際伐採許可の対象から除外して事前の届出制に改めても支障がないと考えられますし、また反面、そのことによって林種転換を主体とする造林事業の推進を容易にすることができるとも考えられる」と述べている。

3 　松下久米男ら（1959）座談会　森林計画を顧みる、会報62、における発言。

4 　前掲萩野敏雄（1996）現代日本林政の戦後過程—その50年の検証、日本林業調査会、244頁

5 　手束平三郎（1977）民有林森林施業計画制度の創設、（林政総合協議会編、語りつぐ戦後林政史、日本林業調査会）188頁

6 　前掲農林省大臣官房総務課（1974）976頁

7 　北海道山林史戦後編集者会議編（1983）北海道山林史戦後編、北海道林業会館1307頁

8 　鈴木照郎（1958）昭和33年度森林基本計画の編成に就いて、会報57、1〜2頁

9 　塩島厚一（1959）新長期経済計画における林業計画の策定経緯について、会報69、2〜8頁

10 　山崎斉（1957）これからの森林計畫、日本林業技術協会、8頁

11 　前掲山崎斉（1957）15頁

12 　前掲山崎斉（1957）27頁

13 　浅川林三（1959）森林計画制度改正の方向、会報62、1頁

14 　山田宏（1957）積極的資源政策を実現するみち、会報49、1〜8頁

15 　大友寛治（1960）森林計画制度の問題点、会報75、17〜19頁

16 　市川圭一（1960）現行森林計画の一批判、会報78、14〜17頁

17 　泉総能輔（1960）森林計画制度についての設問とその意見の概要について（中間取纏め報告）、会報79、3〜7頁。最終結果については会報に掲載されていない。

18 　大友寛治（1960）森林計画制度の問題点、会報75、17〜19頁

19 　中村幸雄（1960）森林計画制度改正の方向——一つの思い付きとして—、会報75、12〜17頁

20 　高宮正彦（1958）実施計画実行上の問題点（森林法一部改正を中心として）、会報57、8〜11頁

21 坂本淳（1960）森林計画と普及業務、会報72、8～10頁

22 前掲農林省大臣官房総務課（1974）808～812頁

23 農林漁業基本問題調査事務局監修（1961）林業の基本問題と基本対策　解説版、農林統計協会、69頁

24 坂元一敏（1965）林業基本法の成立経過、（倉沢博編著　林業基本法の理解—これからの林業の道しるべとして—、日本林業調査会）67～68頁

25 田中重五（1977）林業基本法の制定、（林政総合協議会編、語りつぐ戦後林政史、日本林業調査会）113頁

26 中林審では、伐採許可制度を廃止する場合には、保安林の伐採規制の方策を改める必要があるため、保安林制度の検討も行っている。保安林制度百年史編集委員会（1997）保安林制度百年史、日本治山治水協会、168～169頁

27 横瀬誠之（1961）森林計画の改正について、会報90号、1～3頁

28 横瀬誠之（1962）森林計画制度に関する答申について、林業経済159、1～5頁。なお審議会の議論の中では、保安林とのかかわりの中で施業監督の必要性について議論されていた。たとえば野村勇委員の以下の発言。「今までの普通林に対する営林の監督というものもある程度までやはり考えたらどうかということですね。……片方はやり放題、保安林は施業要件でしばっている。……一方を縛っておいて、片方を野放図にほおっておいていいというものでもないような気もするんです。」

29 手束平三郎ほか（1992）森林計画研究会発足40周年記念座談会、森林計画制度の回顧と展望、会報350・351における手束の発言。

30 迎木重蔵ほか（1971）座談会　森林法は生かされているか—森林法施行20年を迎えて、林野時報17（10）における猪野の発言

31 手束平三郎（2001）保安林の施業指定要件、山林1403、27頁

32 前掲手束平三郎ほか（1992）における手束の発言。

33 前掲横瀬誠之（1961）1～3頁

34 前掲手束平三郎（2001）50～51頁

35 前掲横瀬誠之（1961）1～3頁

36 小田島輝夫（1967）森林計画制度の問題点と改正の方向、林業経済220、1～8頁

37 横瀬誠之（1961）森林計画の改正について、会報90、1〜3頁

38 森林計画研究会（1962）森林法改正案の国会審議概要、会報96、2〜5頁

39 林野庁計画課（1962）改正森林法の概要、会報96、6〜12頁

40 坂本博（1962）個別経営計画作成指導について、会報95、16〜24頁

41 前掲坂元一敏（1965）72頁

42 1963年5月から林野庁長官を務めていた田中は「昭和38（1963）年5月であったと思う。私は衆議院の農林水産委員長の高見三郎ほか自民党農林部会のメンバーから林業関係の答申をもうこれ以上漫然と放置することは許されないのではないか、早く成案をまとめて党に諮るように」と注意を受けたと記している（前掲田中重五（1977）114頁）。

43 前掲坂元一敏（1965）118頁

44 鎌田藤一郎（1974）林業基本法の成立について、会報115、2頁

45 前掲鎌田藤一郎（1974）2頁

46 前掲田中重五（1977）120頁

47 ただし、林政審議会に関わる規定については翌1965年4月施行。

48 前掲田中重五（1977）121頁

49 前掲坂元一敏（1965）96頁

50 大崎六郎（1974）林業基本法のなかでの森林計画、会報120、1〜4頁

51 前掲保安林制度百年史編集委員会（1997）170〜171頁

52 前掲手束平三郎（2001）50〜51頁、なお、これに続けて、「この考え方の源流はさらに11年遡り、（昭和）26年に森林計画制度が発足して、保安林伐採許可の審査をその運用ですることになった時、治山課と計画課が協議して作ったものであることが判明した」との記載がある。

53 猪野曠・近嵐弘栄（1964）水源涵養のための保安林配備、水利科学8（1）、1〜29頁。なお、このなかで行政実務として実行を円滑に確保するために、「かなり思い切った割り切り方」をせざるを得なかったと述べており、科学的根拠をもった保安林指定といっても大きな限界があったことが示されている。

54 前掲保安林制度百年史編集委員会（1997）166頁

55 前掲保安林制度百年史編集委員会（1997）166頁

56 中山哲之助（1974）保安林政策の再検討2、林業経済27（5）、11〜23頁

57 この分野に関しては当初は狩猟規制を中心とした鳥獣保護行政と称されていたが、近年では野生動物の個体数管理へと領域を広げ、また植物など対象を広げて絶滅危惧種や外来種対策など新たな政策領域が展開してきている。

58 以下の記述は主として、林野庁編（1969）鳥獣保護行政のあゆみ、林野弘済会、によった。

59 実際には1873年（明治6年）に制定された鳥獣猟規則で定められており、1892年の狩猟規則を経て狩猟法に引き継がれた。

60 葛精一（1955）鳥獣保護区の意義と現況、林野時報3（5）、2～8頁

61 前掲林野庁編（1969）

62 例えば「36府県の調査では、昭和の初めによい猟場であった場所が昭和35（1960）年には、わずか18％しか残っていなく、また、キジおよびヤマドリの生息数は、45カ年間に25％程度になったと推算される」（江原秀典（1963）鳥獣行政略史および今後の鳥獣行政、林野時報6（6）、10～28頁）。

63 塩田清隆（1957）野生鳥獣審議会の設置について、林野時報5（8）、12～15頁。なお、1956年には有志議員によって「有益鳥獣の保護増殖及び狩猟の適正化などに関する特別措置法」が提案された。この法案は鳥獣保護計画の策定や鳥獣審議会の設置、猟友会の特殊法人化などを含む法案であったが、鳥獣保護団体から猟友会関係規定に強い反対があり、結局審議未了で廃案となった。

64 石橋豊（1963）鳥獣保護及狩猟ニ関スル法律の運営について、林野時報6（6）、2～9頁

65 鳥獣保護のための施設には給餌、食餌植物植栽、営巣材料供与などが含まれていた。

第4章
森林施業計画制度の誕生と展開

第1節　森林施業計画制度の検討と成立

森林計画制度運用上の問題

1962 年の森林法改正によってスタートした森林計画制度については、施業監督面の後退や、計画制度の形骸化が指摘されるようになった。

1965 年 6 月に都道府県の森林計画関係職員を集めて行われた森林計画研修会では、「現行計画は多くの時間と費用をかけるにもかかわらず実践的に役立っていない」、「主伐の見合わせなど施業の指導事項は罰則などを設けて強化することが必要」といった指摘が出た[1]。伐採許可制という「歯」を抜かれた制度の問題点が現場で認識されていたといえよう。

岐阜県の村橋は、地域森林計画には、指標計画、実施計画、指導または規整計画の三つの性格が混在して計画制度を混乱させる要因となっていると指摘し、指標と実施計画の側面については、「伐採、造林、林道など主要な計画は、行政の指標計画の性格を備えており、直接森林施業を指導する指標とはなりがたい。実施手段として、民有林助成政策に基づく諸計画が森林計画の実施計画として結びつく必要がある」[2]と述べて、計画実施に関わる実効性の欠如を問題とした。広島県の中谷は、伐採届出等にあたって伐採・造林など施業の指導を行うこととなっているが、林業改良指導員は調査をして指導する機会は極めて少ないことを指摘しつつ、以前は「林業経営指導員と林業技術普及員の二本立てで、前者が主として森林計画の実行確保 (伐採許可を中心として) にあたることが明確にされていたが、現行制度になってからその面はきわめて弱体化された」[3]と指摘した。また、このほか森林計画が地域性を反映したものとなっておらず、画一的、並列的な計画となっているという意見もあった[4]。

森林計画制度とは切り離して、普及事業の一環としてスタートした林業経営計画についても、その実行状況について問題点が指摘されていた。岐阜県の村橋は「普及事業による個別経営計画の成果が芳しくない」とし、その理由として経営実態が明らかになり税金に関係する、財産という意識が強く計画通り実行する信念がないといった所有者側の意識を理由として挙げた。ま

た、「明治の公有林施業案時代から森林組合施業案、さらには最近の公有林
経営計画に至るまで、それが代行という形式であるにせよ、指導という形式
であるにせよ実態は県の職員がつくって与え、当事者は、この与えられた計
画の内容を十分理解できないままに、大半が戸棚の中に永眠する運命をたど
った」と指摘した[5]。

　以上は、いずれも森林計画の実効性の欠如を問題としているが、それは施
業規制・監督としての側面ではなく、物量的な計画の実行性を問題としてい
た。

　手束は、伐採許可制を批判しつつ、1962 年の森林法改正によって「森林
計画は単なる政府のガイドポスト的な存在となった。手に負えないこと（筆
者注、伐採許可制の運用）をやらされてアゴを出していたのが、一挙に絵だ
け書いておればよいことになって手持ち無沙汰となった形であった」[6]とし、
1962 年改正では断念せざるを得なかった、森林施業計画制度の導入を主張
することとなる。

　一方、野村勇は森林計画制度の歴史を「有名無実化」の進行の歴史と総括
し、「ここまで営林監督が後退した国はない」と批判し、資源の適正配分・
国土保全という外部経済の観点から個別経営主体に何らかの義務付けをすべ
きであると主張した[7]。

森林施業計画制度導入の背景

　1962 年森林法に関して、その実効性を中心に課題が指摘されるようにな
り、また林業基本法が成立したことから、林業生産の拡大・林業構造改善の
推進とも関わって森林計画制度の再検討が俎上に上ってきた。

　こうしたなかで、森林計画を「地におろす」ことが重要な課題として提起
され始めた。この急先鋒を務めたのは手束であり、森林計画課長として森林
施業計画制度導入の中核的な役割を果たすこととなる。手束は、林業基本法
成立後に講じられた林業構造改善事業などの施策について、「一歩前進と言
えなくはないけれど、これだけでは画期的な産業立法と銘打って成立させた
基本法関連の施策としては全く淋しい」[8]として森林施業計画制度の導入を
提案した。

69

手束は計画課長就任後、森林計画研究会報の巻頭論壇に、「森林計画を地におろす制度」を発表した[9]。このなかで、計画を地に下す方法として経営計画の認定制度と実行確保を図るための施業規制の強化という二つの方向があるとしたうえで、規制を緩和していく流れの中で後者はあり得ないとし、経営計画の認定制度の創設を主張した。森林所有者が自主的に策定した経営計画を知事が認定し、所有者にこれに従わせる一方、助成を手厚くし、税制の特典を与えることを提案した。こうした制度を導入する意義は、資産保持的な行動様式に流れる林業経営者に対して、国民経済の観点から計画的な伐採を行わせるというところに求めた[10]。この背後には、「森林計画制度と個別林業経営の体制づくりを結び付けることによって、林業を産業政策の対象に持ち込み、林業基本法の長子的制度措置にすることができる」という考え方があった。これ以降、「森林計画を地におろす」というフレーズが森林計画制度改正のキーワードとなる[11]。

　森林計画制度及び個別経営計画の実効性を確保することが、円滑な木材供給確保・林業活性化の観点から必要とされ、森林計画制度を個別所有者までつなげて――「地におろして」、上述の目標を達成することが重要な課題として認識されていった。伐採許可制の時期においては定められた伐採上限の遵守が実効性確保の焦点であったが、伐採許可制が廃止され林業生産の増大が林政の上の主要課題となったこの時期においては、計画に設定された数値の実行－すなわち伐採を促進させることが「実効性」の確保として認識され、その実効性確保の手段が追求されたのである。つまり、「動員型」森林計画制度の検討が本格的にスタートしたといえる。

森林施業計画制度の構築

　森林施業計画制度は、林野庁内部において以下のような形で構築されていった[12]。まず1939年森林法の下での施業案監督制度との違いを明確化するために、計画認定の基礎を所有者による自発的意思による申請におくこととした。また、個別経営計画を法制度に乗せるために、行政指導の対象となるような資金や労務を制度化の対象とせず、行政による認定基準は地域森林計画に適合することを基本とし、認定計画履行のメリットとして補助金割増・

金融利子引き下げ・税制上の優遇措置などを講じることとした。

1966年5月に都道府県の地域森林計画に従事する職員を集めて行われた森林計画研修会において、林野庁から経営主体別施業計画の勧奨および認定制度の創設という森林計画制度改正の考えが示された。これに対して、出席者からは、計画制度を所有者とつなげるための経営主体別施業計画の意義や、林業発展のために個別経営確立の重要性が認識されたものの、森林計画と個別計画の性格の違いや計画を作るメリットを明確化する必要性、都道府県の仕事が増大するなどの課題が指摘された[13]。

制度の内容について関係団体との折衝も行われた。全国森林組合連合会は小規模所有者の計画策定が困難であることを問題としたが、所有者が共同で策定できる内容を付加することで賛成に回った。大規模所有者の団体である日本林業経営者協会は、経営内容が行政に掌握されると懸念を示したが、税制・金融等での要求を出すに際して、森林施業計画制度に参加するという公的寄与をしていた方がよいとの判断で賛成に回った。

1966年に林政審議会は、「政府は森林資源に関する基本計画を達成するため……経営主体における森林の計画的施業の促進に特に留意すべきである」という答申を行った。

森林施業計画制度の主な内容とその位置づけ

以上のような経緯を経て、1967年5月に森林施業計画制度創設を主眼とした森林法の一部改正案が国会に提出された。国会において主たる議論となったのは、第1に、森林施業計画は基本法系統に属するのか、森林法系統に属するものかといった制度の性格付けに関わるもの、第2に、森林施業計画を義務付けするべきではないかといった制度の実効性に関わるものであった。これに対する政府の答弁は、前者については、森林施業計画は基本法と森林法を結び付けるものだとし、資源の保続培養の目的に貢献するするとともに、自主的な森林施業計画策定により林業生産が図られるとした。後者については、1939年森林法における施業案において生じた問題を引き合いに出しつつ、現在の社会経済情勢の下では所有者の理解の下に誘導していくことが望ましいという答弁が行われた。同法案は衆参両院ともに農林水産委員

会では全員賛成、本会議では共産党を除く賛成多数で成立し、1968年5月1日に公布され、森林施業計画関係を除いて即日施行された。

森林法の一部改正によって制度化された森林施業計画について概要をまとめると以下のようになる。

①森林所有者は森林の全部について、森林施業の長期の方針に基づく5年を1期とする計画を策定し、都道府県知事に提出してその認定を求めることができる。小規模所有者は単独での計画策定は困難であることから、共同して計画を策定して認定を受けられることとし、計画作成を森林組合の任意事業とした。

②知事による認定は、政令で定める森林生産の保続及び森林生産力の増進を図るために必要な基準に適合しており、かつ地域森林計画の内容に照らして適当であると認められた場合に行われる。前者については「森林施業の合理化基準」として定められ、第1に樹種または林相の計画的な改良、第2に適正な林齢での立木伐採の計画、第3に保続対象森林について収穫の保続の確保を求め、その基準が設定された[14]。

③認定を受けた森林所有者は、森林施業計画の遵守を求められ、立木の伐採・造林などを行った場合には、届出を行うことが義務付けられた。都道府県知事は、遵守していないと認められるとき等は認定の取り消しを行うことができる。

④森林施業計画の作成・推進の実効性確保のため、農林大臣及び都道府県知事は必要な助言、指導、資金の融資のあっせんなどの支援を行うよう努めると規定し、具体的な措置として補助金算定の加算や、団地造林や林道事業の優先採択などを講じた。このほか、森林施業計画に基づいて行う伐採等の収入に特別控除ができることとし、相続税の延納期間の特例を設けた。

森林施業計画制度は、資源保全の縛りをかけるという性格と、林業生産の拡大を達成するという二つの性格を持った制度といえる。制度策定の経緯にも示したように、林野庁サイドは森林計画の達成を図るために、本制度を通して所有者を動員することに基本を据えていた[15]。

第4章　森林施業計画制度の誕生と展開

第２節　森林施業計画制度の実行と課題

所有者サイドから示された懸念

　森林施業計画制度に対して、私有林経営の立場から、懸念や実施の困難などの課題が提起された。日本を代表する大規模私有林経営者であった速水勉は、第１に山林経営者は多様な考え方を持っており一つの型にはまった計画を持たせることは困難であること、第２に個人資産の公開の懸念があること、第３に木材価格変動・経営面積拡大・伐期の延長などの影響を受ける植伐計画は長期計画に載せがたいことから、「私有林は計画制度を受け入れがたい基本的な体質を持っている」として、森林施業計画の目的とするところには賛同するが、その普及には多大な困難があると指摘した[16]。九州大学の井上由扶も新制度に対して、経営公開の不安、物質生産的な国の要請と利潤獲得を求める私有林経営目的の不一致、時期別場所別に植伐計画を樹立することの実行困難、伐期齢の標準化への抵抗などの批判が私有林所有者側にあるとした。そして、新制度に期待はするがその実行は困難であり、私有林経営の立場に立って普及につとめること、制度が受け入れられるようにインセンティブを供与する施策を進めることなどを求めた[17]。日本パルプ工業株式会社の山林統括部副長であった中野真人も、新制度を、「《森林造成》のための森林計画制度から《人間社会の経済福祉向上のための林業の実現をめざす》経済的に高次元の体質を持つ森林計画制度への飛躍」と位置付けつつ、所有者自身の経営意思決定の自由性を尊重することの必要性を主張し、計画制度の民主的運用が必要であり押し付けはやめるべきとした[18]。

実行にあたって認識された課題

　次に森林施業計画制度の実行にあたって認識された課題について整理しておこう。

　森林施業の合理化基準の省令・政令及び森林施業計画の手続等に関する農林省令が1968年7月1日に出されたが、この基準等はかなり複雑なものとなった。森林計画研究会報に掲載された政省令の解説でも、林野庁計画課の

執筆者が「今回の政省令は非常に難解に記述されており、全体をつかむのは大変であるかと思われ……本制度はいろいろな意味で問題を含んでおり」[19]と述べざるをえなかった。所有者レベルへ計画制度を下すということが本制度の最大の意義であり、所有者の自発的意思による計画申請を基本に据えたが、制度創設の時点ですでに一般の森林所有者には理解困難な仕組みとなっていたのである。

そもそも、所有者による自発的計画策定に関して早くから懸念が示されていた。森林法の一部改正法案が国会に上程されていた段階で、全国森林組合連合会の指導部長であった孕石は「森林所有者の経営上からの施業計画は、自らたてるべきものであるが、それがたてられ難いこと、たてさせようとしても非常にむつかしい」としたうえで、森林計画を実効あるものにするためには「国がよほど細密な注意を払って指導体制を整えなければいけない」と指摘した[20]。

新潟県の根子らは、森林施業計画導入の課題を探ろうして、個別経営計画を作成したモデル林家を対象としたアンケートを実施した[21]。その結果、個別経営計画を策定した動機として「自分で進んで」が38％、「林業改良指導員に進められて」が48％を占めたほか、計画実施状況として「まあまあ実行している」が51％、「最初1年くらいでその後実行できなかった」「実行できなかった」が31％にのぼった。森林施業計画については「すぐ立てて認定を受けたい」が16％、「将来は立てて認定を受けたい」が40％であった。このように優良と思われる林家でも、その多くは林業改良指導員の働きかけがあって初めて計画策定を行っており、実行できなかったものも約1/3に上っていることから、森林施業計画の認定カバー率を急速に上げていくのは困難であることを指摘した。

林野庁としても、本制度が所有者の自発性によってスムーズに動くとは考えておらず、小規模所有者をこの制度に参加させるために期待したのが、都道府県の指導普及を中心とする職員であり、森林組合による施業受託を通した組織化であった[22]。森林組合が任意事業として組合員のために森林施業計画の策定を行うことは森林法の一部改正で盛り込まれていたが、林野庁は森林法成立後に、「林業指導普及要綱」の一部を改正して、改良指導員の業務

74

として森林施業計画の樹立促進を明記した。

　林野庁計画課の須郷は、「この制度（筆者注　森林施業計画制度）がスムーズに動き出して軌道に乗るかどうかは改良指導員の方々の双肩にかかっていると云って過言ではない」と期待を寄せたほか、「森林組合の果たす役割が非常に大きく各方面より期待されている」とし、国有林も傍観していないで営林の指導をしてほしい、と述べた。須郷は、「最も大事なことは、林野庁がすべての林業行政をこんごはこの森林施業計画に結びつけて展開することである」としており、民有林行政の中核に位置付けていたことがわかる[23]。

　森林施業計画制度は民有林行政の中核的政策であるだけに、その確実な実行は林野庁にとって極めて重要な課題であるが、小規模零細所有者による計画策定は困難であった。こうした状況下で、林業改良指導員、森林組合、さらに国有林も総動員して、所有者を森林施業計画策定へと巻き込もうとした。森林所有者の自主的な意思による計画の樹立という「タテマエ」を、所有者が弱体の中で押し通すためには、このように指導・支援体制の整備が不可欠だった。

表8　森林施業計画の認定目標面積と実績面積（単位 1,000ha）

区分			目標	実績
1968 年	私有林	30ha 未満	159	27
		30-500	294	139
		500ha 以上	124	262
		小計	577	428
	公有林		307	356
	合計		884	784
1969 年	私有林	30ha 未満	199	37
		30-500	367	188
		500ha 以上	155	284
		小計	721	509
	公有林		336	314
	合計		1,057	821

資料：森林計画研究会報　第 150 号

森林施業計画の策定とその課題

　表8は、1969年までの森林施業計画認定実績面積を所有形態・規模別に見たものである。これを見ると、合計値の目標達成率は1968年が90%、1969年が79%となっている。所有形態別では公有林が両年の合計で目標の104%と上回っている一方、私有林は目標の72%となっている。私有林のうち、500ha以上所有者は目標を大きく超える実績になっていたが、500ha未満では低位にあり、特に30ha未満では18%程度と極めて低い実績となっている。当初懸念されていたように、森林施業計画策定の困難さが中小規模林家に集中的に表れたのである。

　広島県の川崎は、森林施業計画制度発足から1年半たった時点での森林組合活動と森林施業計画について加計町の事例を中心に報告している。この中で加計町においては、森林組合の働きかけに応じた比較的規模の大きな林家（平均面積70ha）を対象として、森林組合が主体となって計画策定が行われ、税制面での恩典などがあり好評だったとされている。一方、小規模所有者の関心が低いことからこれら所有者をいかに巻き込むかが大きな課題として残されており、加計町森林組合以外の多くの森林組合は組織・経営力が劣弱であり、森林施業計画の策定や経営委託の進展は期待できないと指摘していた[24]。

　森林計画研究発表大会においても森林施業計画について様々な問題点が指摘されており、1971年には認定や変更に関わる事務量が多大であり、特に伐採時期・材積などの変更に伴って行わなければならない計画変更手続きの業務量が大きく、森林施業計画に弾力性を持たせる必要を主張する発表もあった[25]。

　以上のような状況から、森林施業計画制度について再考を促す論調も見られるようになった。パルプ工業会の中野は、「森林施業計画制度は、着実に実績を上げ、推進されているが、森林施業計画認定に関する計数的実績の増大のみを見て、森林施業計画認定制度が順調に進展していると判断すべきではない」とした。問題点として、第1に認定された森林施業計画は現場担当者の推進努力によって生み出されている、第2に所有者の認識・関心は依然として低く、木材市況によっては計画通り実行することが不利益となるなど

実行上の問題を指摘し、計画制度が形式化・空洞化することへの懸念を示した。また、形骸化・空洞化を防ぐためには制度の簡素化や、森林計画専門職員の配置などが必要であるとした[26]。

1973年の森林計画研究会では、和歌山県の南が、森林施業計画の問題として、第1に所有者が自主的に立てる計画とされつつ、実際には県職員が「何もかも面倒を見なければいけない」状況となっていること、第2に計画書が極めて膨大・複雑であり、樹立・認定事務が極めて複雑であること、第3に伐採の事前届出制がそもそも機能しておらず、伐採の届出がされることが極めて少ないため、森林施業計画策定による事前届出免除が特典になっていないこと、第4に県職員が頭を下げてつくってもらっているので、所有者の自主的な変更に対応せざるを得ず、みだりに変更しないという運営要領を守っていられないことを指摘した。そのうえで、現行制度は国有林などの大規模所有であれば実行可能かもしれないが、多数の小規模所有者を包括する民有林においては実際上困難であり、即刻改善すべきであるとした[27]。

このように自主的な策定という前提条件がほとんど機能しておらず、それゆえ森林所有者の自覚もないため実効性もなく、強制もできないこと—すなわち森林施業計画が本来意図した目的を達成できていないことが明らかになった。特に、中小規模所有者の組織化が困難であり、都道府県職員の過重な負担をもって初めて認定が進んでいること、中小規模所有者に代わっての計画策定・実行主体としての森林組合の重要性が認識されるとともに、そうした機能を担える能力を持った森林組合が少なく、森林組合強化が重要な課題であることが認識されるようになった。

実効性確保に向けた市町村への期待

森林施業計画制度が機能しないことに対して、地域森林計画と森林施業計画の間に市町村を関与させることによって森林施業計画の実効性を上げようという考えが主張されるようになった。

林野庁から出向して三重県林務課長であった下川は、地域森林計画に実効性がないことを問題とし、市町村に森林計画を策定させ、森林施業計画を義務化することで、地域森林計画－市町村森林計画－森林施業計画という体系

をつくることが必要と主張した[28]。

　1971 年の森林計画研究発表大会においても地域森林計画と森林施業計画の間に市町村森林計画を置く必要があることが何人かの発表者から提起されている[29]。この中で、地域の実情に即した森林計画にするためには市町村レベルの計画が必要という提起とともに、森林施業計画を所有者が理解しやすくし、上位計画との接合性を確保するためにも市町村レベルの計画が必要であるという主張がなされた。1973 年の南の報告も、市町村レベルの森林計画を策定し、これを基準にして森林経営者が地域林業経営を志向すべきという主張を行っていた[30]。

脚注

1　横山次雄（1965）森林計画研修会について、会報 126、1 ～ 4 頁

2　村橋正司（1966）地域森林計画の性格と問題点、会報 135、13 ～ 15 頁

3　中谷元昭（1966）地域森林計画の性格と問題点、会報 135、17 ～ 20 頁

4　市川圭一（1966）地域森林計画の性格と問題点、会報 135、15 ～ 17 頁

5　村橋正司（1968）森林施業計画制度推進対策の確立を願って、会報 154、18 ～ 20 頁

6　手束平三郎（1978）民有林森林施業計画制度の創設（林政総合協議会編、語りつぐ戦後林政史、日本林業調査会）189 頁

7　野村勇（1966）わが国の森林計画制度はこれでよいのか、会報 135、6 ～ 9 頁

8　手束平三郎（1998）回顧資料 戦後林政史の回顧と検証—林業基本法の制定をめぐって、林業経済 51（10）、29 ～ 32 頁

9　手束羔一（1965）森林計画を地におろす制度、会報 129、1 ～ 2 頁。手束羔一は前出手束平三郎の旧名。

10　前掲手束平三郎（1965）

11　すでに 1964 年の森林計画研究会会報の巻頭論壇において、当時の計画課長の横瀬誠之が森林計画制度の課題として「森林所有から林業経営への発展を志向する基本法の趣旨にそって、森林計画と個別経営との結合を画期的に緊密化し、更に個々の経営が計画的に循環、発展するように森林計画制度を通じて推進すべきか否か」を挙げており、62 年森林法改正で断念された経営計画

の制度化は計画課内で継続して課題とされていたことがうかがわれる。

12 前掲手束平三郎（1978）192 ～ 193 頁

13 緒方一範（1966）森林計画研修会について、会報 136、18 ～ 19 頁

14 収穫の保続に関しては保続対象森林が 30ha 以上の場合のみ適用された。

15 林野庁計画課編の森林施業計画の解説では、森林施業計画導入の背景として、「森林所有者は計画的かつ合理的な施業を行うよう指導するには、現行の指導・助言ないしは勧告を行うのみでは十分ではないと考えられるにいたった」ことから、本制度によって「民有林における森林施業のより一層の計画化・合理化を通じ全国森林計画及び地域森林計画の達成を図ろうとするものである」と述べている（林野庁計画課編（1968）森林施業計画の解説、日本林業技術協会）。

16 速水勉（1968）私有林と個別森林経営、山林 1012、12 ～ 17 頁

17 井上由扶（1968）森林施業計画とその問題点、山林 1012、4 ～ 10 頁

18 中野真人（1967）改正森林法に対する要望と期待、会報 145、1 ～ 3 頁

19 杉原昌樹（1968）森林法の一部を改正する法律の政省令について―森林施業計画制度―、会報 156、8 ～ 10 頁

20 孕石正久（1967）森林計画制度の改正にあたって、会報 145、8 ～ 10 頁。さらに、孕石は技術指導を行えるのは都道府県職員に限られ、技術指導層が薄いことが課題であるとした。

21 根子昭・大西東輝夫（1968）森林施業計画について、会報 159、12 ～ 15 頁

22 1967 年 7 月 20 日衆議院農林水産委員会における倉石農林大臣の答弁。

23 須郷研二（1968）森林施業計画制度の推進について、会報 155、9 ～ 11 頁

24 川崎忠之（1970）森林施業計画制度と森林組合活動、会報 169、26 ～ 28 頁

25 中村三省（1971）森林計画部会、会報 178、17 ～ 19 頁

26 中野真人（1971）森林施業計画認定制度の問題から考える森林計画制度のあり方、会報 176、16 ～ 18

27 南真澄（1973）森林施業計画性の問題点と今後の計画的施業への提言、会報 195、16 ～ 20 頁

28 下川英雄（1971）森林計画制度に思うこと、会報 176、13 ～ 16 頁

29 中村三省（1971）森林計画部会、会報 178、17 ～ 19 頁

30 前掲南真澄（1972）

第5章
自然環境保全への対応

第1節　自然保護運動と政策展開への影響

自然保護運動の高揚

　森林管理に関わる課題は、戦時体制下で消耗した資源の回復・育成から高度経済成長を支える林業生産の拡大へと転換し、林業生産拡大を支えるための制度・政策形成が進められてきた。一方、1960年代から国有林による奥地天然林開発や、大規模林道・観光道路開発が本格的に開始されたが、これに対抗して自然保護運動が次第に活発化し、森林管理・施業のあり方に異議が申し立てられるようになった。

　国有林では生産力増強計画、木材増産計画のもとで、天然林の大面積皆伐・一斉造林が進められ、伐採地の奥地化に伴って亜高山帯や国立公園内の伐採が増大していき、1970年前後からこれら伐採への反対運動が活発化した。日本自然保護協会の機関誌『自然保護』には、1970年ころから全国各地の会員や自然保護団体から原生林保護や伐採反対の投書やレポートが相次いで掲載されるようになり、1972年には「森林保護特集」が組まれ、朝日連峰、早池峰、奥秩父などの原生林伐採が問題とされた[1]。

　自然公園等への山岳観光道路の建設もこのころから活発になり、自然保護の観点から各地で反対運動が展開された。日本自然保護協会は1957年に乗鞍岳の自動車道反対運動に取り組んだほか、1960年代後半から70年代前半には大雪山山頂横断車道、大雪山縦貫道路、妙高高原有料道路などの建設に反対意見書を出しており、全国自然保護連合は石鎚スカイライン建設を自然公園法違反として告訴するなど運動が活発化した。一方、1965年からは観光開発だけではなく地域振興など多様な目的を達成するための道路として、特定森林地域開発林道（スーパー林道）の開発が行われた。こうした道路は、自然環境の豊かな地域や、亜高山帯などに計画されることが多く、自然破壊及び社会的・経済的効果が見込めないという観点から反対運動が活発化し、南アルプススーパー林道や奥鬼怒スーパー林道などに対しては特に活発な反対運動が展開された。

　1969年の新全国総合開発計画（二全総）、1972年の田中角栄の『日本列島

改造論』出版をきっかけに、大規模開発と土地ブームが全国を覆った。二全総は、高度経済成長路線をさらに進めることを目標として、国土開発の骨格として航空路・新幹線・高速道路など新しいネットワークを形成し、苫小牧東部・むつ小川原など大規模工業基地建設を推進することとした。計画の基本として、国土空間全体を環境ととらえて保全を図ることも謳われたものの、ネットワーク整備と大規模工業基地開発の戦略の前にはその影は薄く、「一連の全総計画の中でも最も開発志向が強」く、「荒々しい」計画であった[2]。『日本列島改造論』は工業再配置や交通ネットワーク整備によって、大都市・地方・農村の開発を同時に追求する構想を示したものであり、ベストセラーとなり、田中は自民党総裁選で勝利し内閣総理大臣となった。交通ネットワークの整備や大規模開発計画が進められたことで、開発を期待した土地所有の流動化が進み、地価が高騰した。土地買占めが「北海道から沖縄までの全国各地をおおい、……全四国に匹敵する 150 万 ha の山林原野が、主として農民から資本の手にうつ」[3]るといった深刻な事態を招来させたのである。

経済界の林政への関心

　全国的に開発や自然破壊が進む中で、経済界からは森林政策転換の提言が出された。経済同友会は、1971 年に「21 世紀グリーンプランへの構え－新しい森林政策確立への提言」を作成した[4]。この提言では、まず現状認識として木材需要の増大が外材によって充足されて外材率が 5 割を超えたこと、零細所有が多い民有林では労働力流出・賃金上昇などによって経営が困難となり、国有林も赤字拡大など経営問題が表面化したと指摘した。そのうえで、直面している課題として、森林の多面的な機能発揮という社会的要求が高まっていること、無秩序な国土開発によって森林が破壊されていること、林業経営状況の悪化から適切な森林が行われないことを挙げ、新しい森林政策の方向性として以下を提起した。

①木材採取を主とするフロー重視主義から蓄積を重視するストック重視主義へ政策理念を転換する。

②水系を単位とするなど広域的な森林計画に転換し、保安林を都市環境林・

水資源林・国土保全林・景観林・学術林の5つに再編する。

③民有林について所有と経営の分離を進め、その受け皿となる事業体を育成する。

④国有林については一般行政を行う行政体と自主的・効率的に事業を行う事業経営体を分離する。

　林業生産の増大を打ち出した基本法林政を具体化するための森林施業計画制度が創設されたわずか3年後に、経済界が公益性重視の森林政策転換を打ち出したのである。この要因としては、第1に外材輸入が進み木材需要を国産材供給に依存しなければならない状況ではなくなったこと、第2に増大する水需要への対応や、自然環境としての森林が重視されたこと、第3に民有林・国有林の経営悪化が続き既存の林業政策を継続させることが財政的に大きな負担となることが予測されたことなどある。経済界の国内木材生産の増大への関心は薄れ、森林の公益的機能と現代的課題への対応を重視するとともに、林業に関しては経営の効率化を求めることとなった。経済界全体としては、国内林業の活性化という政策要求の位置が大きく低下したのである。

自然保護への政策的対応の始まり

　自然保護や公害問題への対応が大きな政治・政策課題となり、これら課題について対処するための独立した省庁創設の必要性が認識され、1971年に環境庁が発足した。実質的な初代長官となった大石武一は、公害対策のほか、尾瀬自動車道を中止するなど自然保護に活発に取り組んだ。

　一方、国有林では奥地天然林の大面積皆伐が世論の反発を受けたことから、1973年には「新たな森林施業」の通達を出し、皆伐施業地を大幅に減少させる一方で、択伐施業地と禁伐林を増大させることを打ち出した。

　以上のような自然保護や国土開発の動きの中で、森林管理政策に関わって二つの大きな動きがあった。第1は、森林行政外部による政策展開である。自然保護を求める動きに対して自治体や環境庁による新たな政策展開が始まり、森林管理政策のあり方についても見直しが迫られた。第2には森林行政内部からの動きであり、土地ブームのもと、全国各地で林地移動や林地開発が生じ、森林行政の根幹を揺るがす問題として対応が迫られた。以下、節を

改めてこの二つの動きについてみていきたい。

第2節　自治体・環境庁の取り組み

地方自治体による自然保護関連条例の制定

　全国的に自然保護運動が盛り上がる中で、自然保護について制度化・政策化を図る動きが生まれてきた。その先鞭をつけたのは自治体であった。「自然公園法や文化財保護法など自然の保護を目的とするいくつかの法律やそれに関連した法律が存在しているが、まだ、総合的な自然保護ないし環境保全のための法律は存在していない」状況の中で、都道府県を中心としてこの分野の条例を制定し始めたのである[5]。1970年10月に北海道が初めて自然保護条例を制定して以降、各都府県で急速に条例化が進み、1974年末までに43都道府県で同様な条例を制定するに至った。これら条例の内容は自然環境を保全するための地域指定を行って何らかの規制を行うものと、地域指定や規制手段を規定せずに訓示的な内容にとどまるものに区分され、前者については開発行為に許可制をとるものと、届出にとどまるものに区分できた[6]。

　こうした中で長野県自然保護条例は、一連の条例の中で初めて厳しい規制措置をかけようとしたため、大きな議論を巻き起こした。長野県条例では特に重要な地域を厳正保護地区として指定できることとし、指定地域では開発行為を許可制にしたうえで、違反者に懲役も含めた罰則を科すとした。私的所有権に対してどこまで規制をかけられるのかということと、法律によらず自治体の条例でどこまで規制がかけられるのかという二つの論点から議論を呼んだ[7]。

　長野県から林野庁に対して意見の照会が行われたが、林野庁としては「同条例案の趣旨には賛同しつつも、この条例案が林業活動に大きな影響を与える可能性を有していること、およびこれがそのまま制定され他の府県がこれにならって同様の条例を定めた場合にはその影響は全国に及ぶことを考慮して」見解をまとめた。そして、憲法・法律に照らして条例として定められる範囲を超えるものであること、既存の自然公園法などで対処可能なことを理

由に、厳正保護地域の規制について削除または修正することを求めた[8]。

自然環境保全法案の作成

　国レベルでは環境庁が自然環境保全法の制定をめざそうとし、林野庁との間で自然保護地域制度の創設や森林の施業規制をめぐって大きな対立が生じた。

　環境庁長官の大石は、1971年に自然保護に関する総合的な法律を制定したいという意思を明らかにした。その背景として、都道府県における自然保護条例の制定が進展するなかで、国レベルにおいては自然保護に関しては自然公園法や森林法、都市計画法、文化財保護法などが存在していたが、総合的に自然を保護する法体系や、厳格に自然を保護する発想をもった保護地域制度が不在であったことがある。

　環境庁において策定された自然環境保全法の草案は、自然保護の理念を設定したうえで、新たに厳正に自然保護を行う地域制度を創設し、既存の自然公園法の規定を統合するものであり、自然保護の総合的・体系的な法律制定をめざしていた。

　まず法律の目的として、自然環境の保全に関し基本となる事項を定めるとともに、自然環境を保全すべき地域指定、当該地域における行為の規制などについて定めることにより、自然環境保全の総合的推進を図り、これらによって、現代および将来にわたる国民生活の健全な発展の確保に寄与することとした。

　法案の第3～6章では自然環境の保全を図るべき地域の区分と指定の仕方及び行為の規制について以下のように規定した。

原生自然環境保全地域：原生的な自然をそのままの状態で保存する。

自然環境保全特別地域：山岳・渓谷・海浜・湖沼などで一定以上の亜高山・高山植生を有すること、原生的な森林を有すること、などの条件を備えている地域。重要度によって第1種から第3種までの保全地域に区分し、このほかに海中自然環境保全地域を設ける。おおむね第1種保全地区は自然公園の特別保護地区、第2種保全地域は第1種特別地域、第3種保全地域は第2種・第3種特別地域、海中自然環境保全地域は海中公園地区と同等

のものとされた。

都道府県良好自然環境保全地域：都道府県が条例によって自然環境保全特別
　地域に準ずるものを指定する。

緑地環境保全地域：都道府県が条例により市街地・集落地の周辺にある生活
　環境保全上重要な樹林地や水辺域を指定する。

　また、自然公園法に規定していた国立公園・国定公園・都道府県立自然公
園についても、本法案の第7章に統合した。規定内容は自然公園法をほぼ踏
襲しているが、保護のための行為の規制は3〜6章に譲り、7章では主とし
て利用の規制について定めた[9]。

林野庁と環境庁の対立

　この法案は自然保護地区の体系化・拡大と規制の強化を図ろうとするもの
であったため、林業生産活動の制約を懸念した林野庁が強い反発を示した。
森林計画研究会報に掲載された森林計画課員の芳賀の論述から当時の林野庁
の考え方を見ると、以下のようになる。

　「本法を貫いている考え方は、すぐれた自然を現状凍結するというもので
あり、むしろ『自然保存法』に近いもので、積極的に自然環境を改良・造成
していくという観点に立っていない。この点は、森林は生きているものであ
り、すぐれた森林は、長年にわたる適正な施業によってこそ維持・改良され
るものである（学術上貴重な原生林は別である）。また林業は、適正な運営
を通じて自然環境の保全に寄与する特性を持っているという林野庁の主張と
常に対立したところである」[10]。

　ここで学術上貴重な原生林は除くと記してはいるが、学術上貴重な原生林
は当時の国有林の保護林の指定状況を見てもかなり限定的なものと考えら
れ、森林は利用しつつ保全するものであることを基本に据えていた。そのう
えで、具体的な対処方針として第1にリゾート開発とは異なって林業は自然
保全的であるとして、林業生産活動に対する制約を認めないこと、第2に国
土保全上、森林に人間が手を入れることが必要であるとの観点から保安林を
保護地域化して治山事業が展開できなくなることを阻止することを主張し
た。保安林という林野行政の中核的な制度と、林業生産活動活性化という当

時の林野行政において中核的な課題を死守しようとしたのであり、長野県によって提起された厳しい規制を持った自治体条例が「他県に広がること」を懸念し、こうした法制度の広がりを阻止することをめざしたのである。

なお、緑地環境保全地域の創設をめぐっても、都市計画法の下で都市近郊緑地を取り扱ってきた建設省との間で対立があった。

自然環境保全法の成立

林野庁と環境庁との間で３か月にわたって折衝が行われたが、林野庁の強い抵抗を受けて、環境省が作成した自然環境保全法の原案は大きく変更されて、国会に提出された。

まず、自然公園法との統合は断念された。これは自然公園法の規定より厳しい規制を公園指定地に導入することへの強硬な反対があったためで、従来の自然公園はそのまま残し、新たに創設する保護区制度においてのみ厳しい規制を課すことにした。風景地の保護と利用の増進を目的とした自然公園制度と、自然保護のための規制を強めようとした新たな自然保護地域は目的が異なっていることも、統合が困難と判断された要因と指摘されている[11]。建設省との間で問題となった緑地環境保全地域の創設についても断念され、のちに建設省が都市緑地保全法によって制度化した。

新たな保護地区制度である自然環境保全地域の指定についても様々な制限が加えられた。原生自然環境保全地域については保安林に指定できないとしたが、これは、保安林はその機能発揮のために手入れが必要であり、原則として人為的な改変を禁止する原生自然環境保全地域とは相入れないとされたためである。また、原生自然環境保全地域・自然環境保全地域（自然環境保全特別地域からこの名称に変更された）ともに、国立・国定公園には指定できないとした。

自然環境保全地域の地区区分については特別地区、野生動植物保護地区、海中特別地区と簡略化され、都道府県良好自然環境保全地域は都道府県自然環境保全地域と改称された。

自然保護地域以外の規定に関して見ると、自然環境保全を図るための基本方針として「自然環境保全基本方針」の策定を国に義務付けた。「国はおお

むね五年ごとに地形、地質、植生及び野生動物に関する調査その他自然環境の保全のために講ずべき施策の策定に必要な基礎調査を行うよう努める」と規定し、今日「緑の国勢調査」として知られる自然環境保全のための基礎調査を進めるとした。それまで自然公園法による自然公園審議会と鳥獣保護法による鳥獣審議会が存在していたが、自然環境保全法で新たに自然環境保全審議会を設置するとし、このもとに自然環境部会、自然公園部会、鳥獣部会を設置することとした。

　同法案は、省庁間の折衝に時間を要したため国会に提出されたのは会期末の1972年6月13日であったが、迅速な審議が行われ、6月22日に可決成立、73年4月12日施行された。

　なお、自然環境保全法の提出と合わせて、森林法の改正案も国会に提出された。森林計画に良好な自然環境の保全を書き込む、伐採届出規定の整備を行い伐採計画に従っていない場合は知事が遵守命令を出すことができるなどを規定したほか、伐採届の遵守命令や保安林制度の的確な運用のための措置命令に違反した者に罰金を課すといった内容を持っていた。林野庁は、自然環境保全法に対抗しつつも、森林法に環境規制的な内容を多少なりとも導入しようとしたのである。ただし、この法案については継続審議となった。

自然環境保全基本方針の策定と保護区域の指定
　自然環境保全法で義務付けられた「自然環境保全基本方針」の策定が行われたが、ここでも環境庁と林野庁をはじめとする他省庁との間で対立があった。

　林野庁・農林省との間では自然環境保全地域の指定方針・保全施策の基本的事項について議論があった。自然環境保全地域は、民有地を含むことが予想されることから農林業との調整が重要な問題となるとし、農林省サイドの要求によって指定地域内で営まれる農林漁業との調和を図りつつ自然環境を保全する地域として性格付けられた。自然環境保全地域の特別地区内での伐採はあらかじめ限度と方法を指定してその限度内で行う限り許可の必要はなしとし、保安林は森林法で許可を受ければ伐採可とした。特別地区については、「保全対象を保全するために必要不可欠なものについては、その必要な

89

限度において」指定し、普通地域は特別地区の緩衝地帯としての役割を持つとした[12]。

　以上のような議論を経て、1973年11月に自然環境保全指針が閣議決定された。本方針は第1部の自然環境保全に関する基本的構想と、第2部の自然環境保全地域等に関する基本的事項から構成される。第1部では自然破壊が進行しているという現状認識に立って、必要に応じて人間活動を厳しく規制する方向で総合的な政策を強力に展開する必要に迫られているとしたうえで、自然環境保全政策は科学的な検討をもとに行うこと、現状の保護だけではなく自然資源を共有資源として復元整備することなどを記している。さらに施策の基本方針を、原生的な自然が残されている地域・自然地域・農林水産業が営まれている地域・都市域ごとに定めているほか、大規模開発に際して環境影響評価を行うことを定めた。また、第2部においては保全地域ごとの指定方針と保全施策について示している。

　自然環境保全指針は、環境庁自然保護局がまとめた『自然保護行政のあゆみ』において「その後の自然保護行政を方向付けるあらゆる要素が盛り込まれているといっても過言ではない」[13]とされているように、自然保護行政の基本方向を定めたものといえる。特に、第1部については、「政府の策定した方針でこのように崇高で格調高い文言は他に見ることができない」[14]と評されるように、環境行政の本格的出発にあたっての理想主義的な熱意が表れていた。ただし、第2部の基本的事項に関しては、前述のような経緯もあり、関係省庁との折衝によって「現実的」な施策展開の方針が示された。

　自然環境保全法に基づく保護地域の指定は、前述の林野庁などとの関係省庁とのせめぎあいの中で大きな制約がかかった。原生自然環境保全地域については、1979年までに5か所、5,631haが指定されたのみであり、それ以降の指定は一切ない。また、自然環境保全地域についても、2014年までの指定箇所は10か所21,542ha、都道府県自然環境保全地域は同じく559か所、105,581haと限られており、近年はほとんど指定が行われていない。新たな自然保護地域制度は意欲的な制度として構想されたものの、他省庁、特に林野庁とせめぎあいの中で、その具体化は大きく制約されたのである。

国立公園制度をめぐる動き

　ここで、自然公園制度に関して戦後の動きをまとめておこう。

　戦後、自然保護やレクリエーションのために国立公園を増やすべきという声が上がり、国立公園制度を準用させる形で準国立公園と称される地域指定が行われてきた。さらに、都道府県でも独自に自然公園を指定する動きが生じた。こうした中で自治体による自然保護のための土地利用規制の導入可能性などの問題が生じたため、制度を整理する必要が生じた。このため、1957年に国立公園法を改正して自然公園法が制定され、国立公園・国定公園・都道府県立自然公園の三つの種類からなる自然公園制度が確立した[15]。

　前述の自然環境保全法の成立に伴って 1972 年に自然公園法の改正が行われ、2条の2に「自然環境保全法2条の規定による自然環境の保全の理念にのっとり」という規定が追加された[16]。これまでの利用・風景主体の自然公園管理に対して、自然環境保全の観点が加えられたのである。

　なお、国立公園内の施業規制については、1951 年森林法改正に合わせて厚生省と林野庁の間で合意を形成し、さらに自然公園法の改正を受けて1959 年に改めて「自然公園区域内における森林の施業について」が国立公園部長から都道府県知事あてに発出された。

鳥獣行政の環境庁への移管と鳥獣保護法の改正

　環境庁の設立に伴って鳥獣行政は林野庁から環境庁に移管され、環境庁自然保護局に鳥獣保護課が設けられた。また、前述のように自然環境保全法の制定とともに、中央鳥獣審議会は廃止され、自然環境保全審議会の鳥獣部会とされた。

　環境庁長官の大石は 1971 年 7 月の就任時の記者会見において、「全国禁猟区・全国猟区制度」の導入発言を行った。禁猟を基本として狩猟できる地域を指定する全国禁猟区を導入すべきという議論は以前からあったが、新設された環境庁長官の発言であり、大きなインパクトがあった。大石長官は、同年 10 月に中央鳥獣審議会に対して「鳥獣保護及び狩猟の適正化」についての諮問を行い、全国禁猟区が議論の焦点となった。中央鳥獣審議会から自然環境保全審議会鳥獣部会へ受け継がれた議論は長期に及んだが、1978 年 1

月に出された答申では全国禁猟区の導入について結論を明記することはできなかった。その要因として、狩猟団体と自然保護団体の意見の相違を埋められなかったことと、鳥獣被害が増大する中で、全国禁猟区にすると被害対策が十分講じられなくなると懸念されたことなどが挙げられる。

　1978 年に鳥獣保護法が改正された。主たる内容は狩猟免許制度の改革であり、都道府県別の狩猟免許を全国免許制とし、狩猟者登録の制度を新設するなどした。また、鳥獣保護区に関しても制度の変化があった。まず鳥獣保護区の特別保護地域のなかに、厳しい規制をかける特別保護指定地域を設定する仕組みを導入した。特別保護指定地域では、植物・落葉落枝の採取、火入れ焚火、車馬・動力船の利用、球具などの利用でのレクリエーション行為を許可制とし、動植物の観察は環境庁長官が定める方法により行うとした。レクリエーション行為や動植物の観察の規制が導入された背景には、写真撮影など野生動物の観察行為やレクリエーションでの立ち入りによって野生生物の営巣などに悪影響を及ぼした事例が頻発していたことがあった。ただし、特別保護指定地域の指定はほとんど進まず、2014 年 3 月 16 日現在で国設の保護指定地域は 2 か所、1,159ha、県指定は広島県と愛媛県に合計6,368ha しか存在していない [17]。

　このように鳥獣保護法の改正が行われ、鳥獣保護区・特別保護地域の制度についても若干の変更があったものの、大きな枠組みには変化がなかった。指定面積も 1973 年改正以後も大きな増加はなかった。

第3節　森林法制度での環境保全への対応

林地開発の問題

　この時期、自然環境保全に関わってもう一つ問題となったことに、林地開発があった。森林行政担当者にとって、この問題は自然環境の破壊や、無秩序な開発ということだけではなく、行政の対象とする森林が定まらなくなるという行政の根幹に関わる問題として認識された。

　岩手県の若林は、転用規制がない中で対象とする森林が定まらないと述

べ、土地利用の上で保安林以外は何らの規制もなく、農業や都市計画分野と比較して問題であると指摘した[18]。栃木県の小畠も、若林と同様に林地転用が進んでいるために「森林に関わる資源計画の立てようがない」こと、また森林計画に土地利用計画的要素が組み込まれておらず、土地利用について森林計画の面で規制するのは無理であることを指摘した[19]。1973年2月に開催された森林計画研究発表会では、林業政策部会の発表19件のうち6件、林業経営部会でも19件中5件が林地開発を問題とし、林地転用が急速に進行している状況とともに、林業再生産の縮小という観点から規制などによるコントロールの必要性が提起された[20]。森林を対象とした土地利用計画的性格を持つ制度としては、保安林制度が唯一のものであり、「森林計画制度は…全く生産技術的な制度である」として、「森林地域の土地利用計画を樹立し早急に交通整理をすることの必要性を痛感するものである」[21]との指摘もあった。普通林において進行した林地開発に森林法が対処できないことが表面化し、対処を求められるようになったのである。

こうした中で、都道府県など自治体においては先行的に土地利用に関わる条例や要綱などが策定された。土地ブームによる土地流動化・開発が一気に高まった1973年前後に集中的に制定され、その基本的な内容は一定規模以上の土地利用取引・開発行為に対して事前届出義務を課し、指導基準に照らして問題がある場合は指導・勧告を行うもので、従わない場合に罰則などを設けている場合もあった[22]。特に問題となっていたゴルフ場開発についても、山梨県では1973年8月から「山梨県ゴルフ場造成事業の適正化に関する条例」を施行してゴルフ場事業主に対して建設計画の知事への事前協議を義務付けた[23]。

以上を受けて林野庁は林地開発許可制度を創設することとし、森林法の一部改正案を国会に上程した。

林地開発許可制度の創設

1973年の第71国会に森林法一部改正案が提案され、継続審議になった後、翌74年2月28日に衆議院、4月5日に参議院で可決成立した。その主たる内容は林地開発許可制度の導入・森林計画制度の改正・森林組合制度の改正

の三つに分かれるが、ここでは前二者の改正内容について、その後の政令などの規定も含めて述べる。

　林地開発許可制度は、地域森林計画の対象となっている民有林（保安林を除く）において開発行為を行う場合には、都道府県知事の許可を得なければならないとし、開発行為は土石または樹根の採掘、開墾その他の土地の形質を変更する行為と規定した。なお、国・地方公共団体が行う場合や非常災害の応急措置として行う場合など、公益性が高い事業で、省令で定めるものについては許可は必要ないとした。開発許可の申請があった際に、都道府県知事は、開発行為が周辺地域において土砂流出などの災害を発生させる恐れがある場合・水の確保に著しい支障を及ぼす恐れがある場合・地域の環境を著しく悪化させる恐れがある場合に該当しないときには許可を与えるものとした。

　許可を必要とする開発面積は1ha以上とした。1haとした理由は、都道府県への照会の結果、土地の形質を変更する面積が1haを超えると災害の発生する頻度が急激に増加することが判明したためとされている[24]。

　森林計画制度の改正は、先に自然環境保全法と同時期に提出され、継続審議になっていた内容を含んでいる。

　まず、全国森林計画については、従来は全国一括した記載であったものを、地域森林計画に対してより具体的な策定基準を示すため、計画事項を流域別に明らかにするようにした[25]。また、計画事項として、長期的な森林政策の指標を示すべきことから「森林の整備の目標その他森林の整備に関する基本的事項」を加えたほか、災害防止や水源涵養などの公益的機能を一層維持するために「森林の土地の保全に関する事項」も加えた。

　地域森林計画については、その土地の自然的・経済的・社会的諸条件および周辺地域の土地利用の動向からみて、森林として利用することが相当でないと認められるものを除いたものを計画対象とし、計画対象森林をはっきりさせた。林地開発規制についてもここで規定される対象森林について適用されるとした。また、「森林の有する機能別の森林の所在及び面積、並びにその整備の目標その他森林の整備に関する基本的事項」を定め、民有林が有する機能に着目してタイプ分けを行うとともに、タイプ分けした民有林にそれ

ぞれ整備目標を設定することとした。

　さらに全国森林計画及び地域森林計画は、自然環境の保全及び形成、その他森林の有する公益的機能の維持増進に適切な考慮を払って樹立すべきと規定した。

　このほか、森林の多面的機能の発揮を重視するという基本路線のもと、伐採届出制の改善強化が行われた。伐採届出に問題があった場合は、従来は勧告しか手段がなかったが、本改正では伐採計画の変更を命じることができ、届出に記載している計画内容と異なった伐採を行っている場合は、計画に従って伐採する旨を命じるとし、違反した者には罰則を課すものとした。

　森林施業計画制度も改正となり、団地施業計画制度が導入された。これまでの森林施業計画制度では数人共同して作成する場合、各人の所有するすべての森林を計画に含めることが要件となっており、利用しにくかった。この改正により、一定の基準に適合すれば所有する全部の森林を対象としなくても森林施業計画を策定できるとした。認定要件は、数人が共同で作成し、面積は30ha以上、造林や伐採等が一体として効率的に行われる団地的なまとまりをもっていることとし、認定されると従来の森林施業計画と同様な税・金融優遇措置と補助金の上乗せ措置を受けられるとした[26]。

　なお、団地施業計画制度を導入した背景には、市町村を林野行政に巻き込みたいという林野庁側の思惑があったことが指摘されている[27]。前述のように森林計画の現場から市町村を位置づける必要が言及されていたが、この時期から制度の中に布石を打とうとする動きが出てきていた。

森林法改正の意義と限界

　以上のように自然保護への世論の高まり、林地開発問題の深刻化を受けて、森林施業規制の仕組みに一定の進展がみられた。普通林に対する規制措置の導入が行われたことは、保安林にすべての法的規制をゆだねるというこれまでの仕組みを変化させたという点で画期的といえる。また、森林計画制度に自然環境への配慮を組み込んだことは、自然保護をめぐる世論の高まりや環境庁による施策展開に対して林野庁としても一定の政策対応を行ったということができよう。当時の森林計画課長の今村は、国土計画法が制定さ

れ、国土利用計画が制度化された状況を踏まえつつ、「森林・林業政策における属地的計画の必要性は明らかであって、保全は保安林に任せて後は産業としての林業の振興策ということでは対抗できなくなる恐れがあろう」[28] と述べており、林野庁の危機意識の一端がうかがえる。

しかし、法改正は課題も積み残した。林地開発に関しては、土地所有規制の困難さが国会審議の中でも浮き彫りとなった。開発許可申請があった場合、都道府県知事は、災害を起こす恐れがある場合・水の確保に著しい支障をきたす場合・地域の環境を著しく悪化させる場合のいずれにも該当しない場合は、許可しなければならないという規定の仕方は「乱開発促進」になるのではないか、また、後二者にのみ「著しい」とするのはなぜかという質疑があった[29]。これに対して、林野庁長官の津川は、「極端にこれを規制しなければならぬということがはっきりしている場合におきましては、義務づける場合に保安林等の制度を運用したい」[30] と答弁し、計画課の太田は、「私権に内在する制約の範囲内で開発規制をするという考え方に立って、開発規制をとろうとするものである」[31] と述べた。ここでは、普通林に開発規制をかけることには財産権保護との関わりで限界があり、林地として維持するための最終的な手段は保安林制度であることが改めて示されている。こうした規制力の弱さは、バブル期のゴルフ場開発や産業廃棄物処分場開発などでその限界を露呈することとなる。森林計画の中に環境保全への配慮を書き込むということも、計画制度自体が実効性を欠いている中で、施業現場での環境配慮の実現は限界があった。

公益的機能の発揮に配慮した計画の策定

上記の森林法の改正に前後して森林資源基本計画・需給の長期見通し、全国森林計画の改定が行われたが、前述のような社会的な動きを受けて、これら計画は従来の木材生産拡大を抑え、公益的機能の発揮にも配慮を見せた内容となった。

まず、1973 年 2 月に「森林資源に関する基本計画並びに重要な林産物の需要及び供給に関する長期見通し」が閣議決定された。資源整備の目標については 1971 年に 890 万 ha であった人工林を 1981 年には 1,157 万 ha とし、

さらに 50 年後の 2021 年は 1,314 万 ha とする目標を設定した。また、木材
生産は人工林を主体としつつ、天然林についても施業を行うことにより森林
の多面的機能の発揮を増大させようとした。需給の見通しでは 1981 年に需
要量 1 億 3,460 万 m³、国内供給量 4,970 万 m³（国産材比率 36.8％）、1991 年
には 1 億 4,730 万 m³、5,870 万 m³（39.9％）を見込んだ。

　これらの数値を 1962 年策定の計画と比較してみると、目標人工林面積は
ほとんど変化しておらず、人工林拡大政策は転換していないが、国内供給量
については 1982 年 8,400 万 m³、1 億 200 万 m³ と見込んでいたのに比較して
かなり抑えた数値となっている。

　1973 年 3 月には全国森林計画の改訂が行われたが、公益的機能の発揮を
重視し、皆伐面積の減少・伐採箇所の分散・保護樹帯の設置などに配慮した
ため、計画伐採量は前計画の約 8 割に抑えられた。また、施業を特定するた
めの基準として「自然環境の保全及び形成並びに保健休養のために特に伐採
方法を定める基準」が新たに加えられた。森林法の改正を先取りするような
形で計画策定が行われたのである。なお、保安施設に関する計画では、後述
の保安林整備計画の目標を組み込む形で保健風致の保存等のための保安林を
5,300ha から 47 万 3,000ha にまで拡大した。

　さらに、改正森林法の成立後に、これに即した全国森林計画の変更が 2 回
にわたって行われた。まず、1974 年 7 月に「森林の土地の保全に関する事
項」の追加を行った。この変更では、林地の保全に特に留意すべき森林につ
いて、保安林のほか、地形・地質・土壌・気象の観点から該当する森林の条
件を設定した。また、「施業を特定する森林の指定の基準、及びその施業を
定める基準」を定め、林地等の保全のために、特に伐採方法や搬出方法を定
める必要がある森林とその方法を規定した[32]。

　続いて 1976 年 3 月には「森林の整備の目標その他森林整備の目標に関す
る基本的な事項」と地域別の計画事項を明らかにするための変更が行われ
た。この中で、全国の森林の機能（木材生産、水源涵養、山地災害防止、保
健保全）別調査を行い、これに基づいて森林整備の目標を定めた。また、都
市近郊の重要性にかんがみて、新たな施業特定林分として生活環境保全形成
のための林分の指定の基準及びその伐採方法の基準を定めた[33]。

第4節　保安林整備臨時措置法の延長

保安林をめぐる状況

　自然環境保全など森林の多面的機能への期待、無秩序な土地取引や林地開発など高度経済成長のひずみが表面化する中で、保安林のあり方も改めて議論の俎上に上ってきた。土地取引の過熱、森林の乱開発等は主として居住地に近いところで進んだため、都市化による開発の進展とも相まって、生活環境保全と森林レクリエーション機会の保障という観点から保健保安林のあり方が課題となった。

　また、1964年の保安林制度臨時措置法の延長時に重要な課題とされていた水資源の保全は、依然として大きな問題であった。高度経済成長・人口増加の中で、水不足は一層大きな問題となり、1968年には長崎72日、北九州130日、1973年には松江135日、高松58日など[34]、西日本を中心として長期にわたる渇水が市民生活や産業に大きな影響を及ぼし、水不足が深刻な地域において、流域を単位とした政策対応も行われ始めた。その代表的な事例は淀川流域で、1972年には「琵琶湖総合開発特別措置法」が制定され、琵琶湖流域の総合的な開発を行いつつ利水・治水・水資源の涵養を総合的に進めようとしたほか、下流の自治体の費用分担による琵琶湖流域への公社造林が開始された[35]。

　1974年に保安林整備臨時措置法の期限が迫ってきていることもあって、1972年7月には保安林制度問題検討会が設置され、9月には最終答申が出された。その主たる内容は以下の通りであった。

　保安林が抱える課題として、第1に水源かん養保安林についてこれまで量的確保に重点を置くあまり、国土保全など多面的機能の発揮が指定施業要件に十分反映されていないこと、第2に生活環境に関わる保安林の配備が十分ではなく、保健保安林の指定が極端に少ないこと、第3に近年開発行為が保安林に及ぶ例が多くなっている中で、解除にあたって他の土地利用と適切な調整が必要なことを挙げた。

　そのうえで、特に機能発揮が求められる水源かん養保安林について、1箇

所あたりの伐採面積の縮小など施業要件の変更による規制の強化や規制強化
にあたっての補償措置の検討、保健保安林については保安林指定の積極的推
進とともに、指定すべき森林は他の土地利用との競合が激しいと考えられる
ことから地方公共団体が買い入れを行う制度の導入を提言した。保安林解除
手続きの適正化については、国民の意向を十分反映させた具体的な基準を定
めることや、保健保安林や地域住民に重大な影響を持つ保安林解除について
利害関係者の意見を十分尊重する仕組みを求めた[36]。

　このように自然環境保全やレクリエーション要求の高まりに配慮した保安
林の指定を求めるとともに、これまで面積的な拡大を課題としていた保安林
整備のあり方に対して、質的な整備や指定施業要件の見直しなど軌道修正の
必要性を認めるものとなっている。前述した、中山が指摘してきた保安林の
普通林化が抱える問題点が表面化し、これへの対応の必要性が認識されたと
いえよう。

単純延長と整備方針の変化

　以上の答申を受け、保安林整備臨時措置法の10年間の単純延長が1974年
2月に国会に上程され、両院ともに可決され、1974年4月30日に公布され
た[37]。

　国会の審議において、保安林種が多数に上り、時代に即していない内容の
保安林もあり再検討が必要ではないか等の質問があり、林野庁長官の福田が
保安林の種類が細分化しすぎていることを認め、今後検討するとの答弁を行
っている[38]。グリーンプランにおいて保安林の改革が提起されたこともあっ
て、保安林種の検討を行う必要性を林野庁としても課題として認識してい
た。

　保安林臨時措置法の延長を受けて、1974年から77年にかけて全国218流
域において調査を実施し、これに基づいて第3期保安林整備計画が策定され
た[39]。その内容は、以下のようであった。

　保安林の指定と解除については、保健保安林について市街地・集落周辺で
良好な生活環境の保全・形成に資するもの、都市近郊で林相が良好で公衆の
保健休養に資するものについて指定するとして、指定方針を明確にし、指定

の推進を図るとした。水源かん養保安林については、水需要のひっ迫や利水施設の用水不足が予想される地域の上流域に指定を計画するとした。森林施業については、指定施業要件では皆伐による伐採の1カ所あたりの限度面積を定めていなかったが、限度面積を定めるとともに、限度面積を定めているものに対してその限度をより小面積にし、適切な施業を確保しようとした[40]。

第3期における保安林の新たな指定目標は122.7万haであったが、このうち48.9万haを保健・風致の保存のための保安林とした（表9）。実績を1983年の指定面積から見ると、ほぼ目標を達成していることがわかる。ただし、保健保安林に関しては施業規制が厳しいこともあって民有林で目標を下回り、国有林での指定によって目標を達成した。いずれにせよ、計画策定前に約2,000haであった保健保安林が約49万haまで増大し、生活環境保全・レクリエーション機会の提供に関わって重要な貢献をしたといえよう。

また、指定施業要件の変更は表10のようであった。伐採の限度（皆伐面

表9　第3期保安林整備計画における保安林整備目標面積及び実績

（単位：1,000ha）

保安林種	1973年末面積		第3期目標面積		1983年面積		増加面積	
	国有	民有	国有	民有	国有	民有	国有	民有
水源かん養	2,881	2,330	3,080	2,628	3,089	2,719	208	389
土砂流出防備	623	851	718	1009	722	1030	99	179
保健	0	2	154	347	238	250	238	248
合計	3,596	3,370	4,038	4,193	4,145	4,198	549	828

資料：保安林制度百年史
注：合計には上記三種以外の保安林も含む

表10　指定施業要件変更目標面積および実績

内容変更	計画面積 （1,000ha）			1983年末変更面積 （1,000ha）			達成率 （%）		
	国有林	民有林	計	国有林	民有林	計	国有林	民有林	計
伐採の方法の変更	261	85	346	292	92	384	112	108	111
伐採の限度の変更	1,927	1,823	3,820	1,982	1,804	3,786	99	99	99
植栽の変更	49	66	115	56	103	159	114	156	138
計	2,260	1,917	4,177	2,277	1,907	4,184	101	99	100

資料：保安林制度百年史

第 5 章　自然環境保全への対応

表 11　指定施業要件の変更内容別実績

変更内容			1973 年実績（1,000ha）		
区分	変更前	変更後	国有林	民有林	計
伐採の方法の変更	皆伐	択伐	83	46	129
	皆伐	禁伐	5	1	6
	択伐	禁伐	81	0	81
	禁伐	択伐	7	0	7
	禁伐	皆伐	4	0	4
	択伐	皆伐	112	45	157
	計		292	92	384
伐採の限度の変更	強化したもの		1,979	1,790	3,769
	緩和したもの		3	14	17
	計		1,982	1,804	3,786
植栽の変更	植栽の指定		55	88	143
	指定の解除		1	15	16
	計		56	103	159

資料：保安林制度百年史

積の上限）に関して大きな見直
しが行われ、特に水源かん養保
安林では指定面積全体の約 4 割
で変更を計画し、いずれの種類
の変更もほぼ計画通りかそれを
上回る実績を示した。

　表 11 は指定施業要件の変更内
容別の実績を示したものである。
伐採の限度の変更に関しては規

表 12　皆伐上限面積の変化（単位：%）

指定施業要件	現況	変更後
皆伐限度なし	66	0.9
20ha 以下	29.4	33.9
10ha 以下	4.1	52.3
5 ha 以下	0.4	9.2
3 ha 以下	0.1	2.1
1 ha 以下	0	1.6
計	100	100

資料：保安林制度百年史

制を強化するものが多数を占めていたが、伐採方法の変更については規制を
緩和したものもかなりの面積に上った。また、表 12 は皆伐可能な保安林の
皆伐上限面積変更の計画を示したものである。計画前は 66％が皆伐限度を
定めていなかったが、変更によって規制を明確化した。

　このように第 3 期計画では、保安林の施業規制を緩める方向に進んでいた
ものを、施業の規制を強化する方向へと転換した。ただし、施業の方法自体

はほとんど変化しておらず、皆伐の限度に一定の制限をかけたものの、皆伐可能な保安林のうち約66％が10haまでの皆伐はできることとしており、規制のあり方が抜本的に変化したわけではなかった。

なお、保安林の解除に関しては、1974年10月31日知事・局長あて「保安林の転用にかかる解除の取り扱いについて」の長官通達が出されて、明確化された。これによれば、保安林を治山事業施工地・急傾斜地・国土保全上特に慎重を期すべきもの（第1級地）とそれ以外（第2級地）に分け、前者は基本的に解除しないこととした。また、解除の要件として公益的理由と指定条件の消滅の2点を規定した。

保健保安林の指定・整備を進めるために、治山事業の一環として1972年から保全林整備事業をパイロット的な事業として開始し、都市周辺の保健保安林等に対して自然林造成などの国庫補助事業を開始した[41]。さらに、保安林整備臨時措置法の延長・整備計画の策定を受けて、1974年にこの事業を「生活環境林保全事業」とした。この事業では保安林整備事業を拡充し、保健保安林の指定を進めるために都道府県が森林の買い入れするための助成も行うこととした[42]。また、保健保安林整備事業が1980年から開始され、都市近郊で保健機能の発揮が特に期待される保健保安林に対して、案内板・簡易便所・自然探勝路などの施設の整備を都道府県が行う場合、費用の2分の1補助を行うようにした[43]。

脚注

1　日本自然保護協会編著（2002）自然保護NGO半世紀のあゆみ—日本自然保護協会五〇年史　上　1951～1982、平凡社、157～158頁

2　本間義人（1999）国土計画を考える—開発路線のゆくえ、中央公論新社、48頁

3　橋本玲子（1978）山村資本進出の動向（林業構造研究会編、日本経済と林業山村問題、東京大学出版会）357～358頁

4　この全文について、林業経済282（1972）に掲載されている。

5　田中友子（1972）自然保護条例の制定状況とその分析、工業立地11（5）、34～48頁

6　前掲田中友子（1972）

7　遠藤文夫（1971）自然保護条例について、地方自治286、10〜18頁

8　芝田博（1971）長野県自然保護条例と林野庁の立場、会報180、1〜6頁

9　以上は林修三（1972）自然環境保全法案の構想と問題点、ジュリスト503、25〜29頁をもとにして記述した。

10　羽賀正雄（1972）森林に関する環境保全関連法律の概要、会報187、1〜7頁

11　畠山武道（2008）自然保護法講義、北海道大学出版会、222頁

12　当時の林野庁企画課の後藤は、「特別地区が自然保護の名のもとに必要以上に拡大されるべきではないことは勿論、普通地区もまた特別地区を包む緩衝地帯として、面積的にもそれとのバランスがとられるべきことが明らかにされたと考えられる」と述べ、林野サイドからの指定の抑制要求が満たされたとしている（後藤和久（1973）自然環境保全方針について、林野時報20（9）、23〜27頁）。

13　環境庁自然保護局（1981）自然保護行政のあゆみ―自然公園五十周年記念、第一法規出版、199頁

14　山村恒年（1989）自然保護の法と戦略、有斐閣、154頁

15　前掲畠山武道（2008）208頁

16　1993年の環境基本法の制定に伴い、「国、地方公共団体、事業者及び自然公園の利用者は、環境基本法第三条 から第五条 までに定める環境の保全についての基本理念にのっとり、優れた自然の風景地の保護とその適正な利用が図られるように、それぞれの立場において努めなければならない」と改正されている。前掲畠山武道（2008）234頁

17　国設のうち1か所は知床で1,156ha、もう1か所は小笠原で3haとなっており、いずれも世界遺産指定地域である。また、県指定のうち6,230haは広島県斎島周辺鳥獣保護区であり、県鳥「あび」を保護するためのレジャー船航行規制を行う海域がほとんどを占める。

18　若林亀三郎（1970）林政の目標達成と森林計画制度のあり方－森林計画の実務担当者としての反省から、会報175、1〜4頁

19　小畠俊吉（1970）森林計画の進歩を期待して、会報175、7〜9頁

20　会報192号（1973）による。

21 荒木武夫（1972）土地利用計画の現状と問題点、会報 189・191、8 ～ 13 頁

22 村沢勝（1974）都道府県における土地利用に関する条例要綱などの概要、会報 204・205、15 ～ 40 頁

23 大橋邦夫（1974）「開発」と林業—ゴルフ場建設問題—、林業経済 303、24 ～ 27 頁

24 都道府県に対して土地形質変化の面積と問題の発生について照会し、その結果を取りまとめた結果、1ha 未満では問題発生率が件数で 0.2%、面積で 0.3% であったが、1 ha 以上ではそれぞれ 2.3%、10.0%であった。

25 なお、流域ごとに計画指針を作成することは、水源かん養保安林など流域保全保安林の配備の指標の設定を行うという保安林に関わる議論の反映でもあり、これについては節を改めて述べる。

26 林野庁計画課（1974）団地共同森林施業計画について、林野時報 239、23 ～ 26 頁

27 手束平三郎ほか（1992）森林計画研究会発足 40 周年記念座談会、森林計画制度の回顧と展望、会報 350・351、において、当時の計画課長を務めていた秋山智英が「何とか市町村を林野行政の中に入れ込もうという狙いがあった」、「団地施業計画をつくりながら、将来は市町村を林野行政の中に入れていこうとの一環で考えた」と述べている。これにあわせて岡和夫が「このころから市町村自身にとってもフラストレーションのようなものがたまってきたような気がします。会議などでも、市町村長の方から、私たちも林政に参加させてくれという声がぼつぼつ耳に入ってきていました。」と述べている。

28 今村清光（1974）森林計画の課題、会報 207、1 頁。なお国土計画法は、土地取引・開発ブームの中で、国土利用を計画的に進めるために 1974 年 6 月に制定され、国土利用計画の策定と土地取引の規制制度を規定した。

29 1973 年 8 月 30 日、衆議院農林水産委員会

30 また、「それより公益的機能は軽いけれども、現在森林に対する国民の公益的機能の要請というものが高まっている段階でございますので、保安林には指定しないまでも、普通林として、普通林の所有者として受忍すべき義務の範囲内において公益的機能を発揮してもらうというようなことを、普通林の規制で期待をいたしておるところであります。」とも答弁している。

31 大田道士（1974）森林法及び森林組合合併助成法の一部を改正する法律の成立について、林野時報237、2〜8頁

32 林野庁計画課（1974）全国森林計画の変更について、林野時報21（6）、8〜11頁

33 大桶治雄（1974）全国森林計画の変更について、会報218・219、1〜14頁

34 滝川忠昭（1986）わが国の水資源の現状と課題、林野時報33（5）、2〜7頁

35 このほか、木曽三川流域でも1969年に木曽三川造林公社が設立され下流自治体の費用負担による造林が開始された。

36 山本武義（1972）保安林制度問題検討会とその報告書について、林野時報19（7）、44〜50頁

37 臨時措置法の一部改正・新たな保安林整備計画の策定に先立って、1973年9月22日に林野庁長官から知事・営林局長あて保健保安林の指定の促進に関する通達が出された。また、同年6月26日にゴルフ場造成にかかる保安林解除の当面の扱いについての通達が出され、傾斜20度以上は解除しないなどの方針を暫定的に決めている。

38 1974年4月9日の衆議院農林水産委員会で、福田林野庁長官は「現行の保安林の種類はあまりにも細分化されておりまして、たとえば土砂流出防備保安林と土砂崩壊防備保安林とを統合するなどの整理をすべきではないかという意見もございます。一方、社会的条件の変化に対応しまして、現在の保健保安林とは別に都市生活環境保安林を新設すべきであるとの意見もあるわけでございます。そういうことで、水の問題、国土保全の問題、環境の問題、大きくはそういった方向を踏まえまして、御意見のとおり長期的な視点で検討を進めてまいりたい」と答弁している。

39 前掲保安林制度百年史編集委員会（1997）210頁

40 ただし、53頁に指摘したように1962年森林法改正時に一箇所の皆伐上限面積を20haとする規定を置いており、第3期計画ではこれを指定施業要件に明記することとしたといえる。

41 日本治山治水協会（2012）治山事業百年史、日本林業調査会、80〜81頁

42 原喜一郎（1974）生活環境保全林整備事業の実施について、林野時報21（6）、21〜23頁

43　前掲保安林制度百年史編集委員会（1997）212 頁

第6章
1980～90年代の森林管理政策

森林計画制度と保安林制度は、林地開発許可制度の創設以降は、市町村の森林計画制度への巻き込みを除いては大きな制度の変化はなく、制度のより一層の複雑化という方向に進んだ。

1980 〜 90 年代は林野庁・都道府県森林行政担当者ともに、森林計画制度の機能不全を引き続き問題としていたほか、間伐などの施業遅れを計画制度を通じて解決したいという意向を持っていた。解決の方策として市町村を計画制度の中に巻き込むことが重要と認識され、このための制度・政策が形成された。また、この時期には国有林経営の危機が一層深刻化し、その経営再建が林政上大きな問題となり、1991 年の森林法改正で流域管理システムを導入するなど、森林計画制度にも影響を及ぼした。

この時期は、森林の公益的機能への注目が一層大きくなった時期でもあった。奥地天然林と都市近郊林を中心に、保護・保全運動が活発化していった一方、バブル経済の影響によるリゾート開発が 1980 年代以降本格化し、国の政策としても総合保養地域振興法、いわゆるリゾート法が制定された。こうした動きは森林計画制度に影響を及ぼし、保安林についてもリゾート開発への対応が行われた。加えて、機能回復のための施業を推進するための保安林制度改革も行われた。

第 1 節　森林計画制度に対する 1980 年前後の現場からの評価

団地共同施業計画制度への評価

本節では団地共同施業計画制度導入後の森林計画制度に対する現場からの評価について、主として森林計画研究会報の記事からみてみたい。最初に団地施業計画制度（以下、団共）の評価についてみるが、結論的に言えば、団共制度導入後も依然と同様な問題点が指摘され続けた。

第 1 に、依然として所有者の参加を獲得するのが困難であった。1974 年の森林計画研究会の発表では、団共について、島根県・新潟県から小規模零細な森林所有者の自発性に期待することはできず、計画樹立の実績を上げている地域は、森林組合や林業改良指導員の活動が活発な地域であると報告さ

れた。また、林業改良指導員や森林組合の活動に依存せざるを得ないがゆえに、これら職員の過重負担も問題とされた[1]。

第2に、団共の仕組みが所有者にとって魅力がないことも指摘された。熊本県の渡辺らは、「現実の団地共同計画は、造林、伐採、保育等森林施業に関する計画の域を脱しておらず、団地の共同グループにとって最大の関心事である高度の生産技術体系の整備や集約的林業経営に対する助成が行われていないため、……実際にこの共同計画がどれほどの効果を生むのかは疑問である」としている。また、制度の根本的な問題として、「森林計画の体系は、公的経済の立場に立っており、……かならずしも、私の利益と一致するものではなく、私的経済、個別経済の立場に立つものであるとは言えない」ことを指摘し、現実的な打開策として、林業構造改善事業などを総合的に活用することや市町村を森林計画制度の中に位置づけることを主張した[2]。

第3に、森林施業計画制度全体についても実効性の欠如が引き続き指摘された。岐阜県の村山は、「……営林の監督といった点では、弱体化の傾向をたどり、ついには有名無実の状態にまで到達するに至った」とし、森林施業計画の制度がつくられたことは施業コントロール上重要な意味を持つとしつつも、「計画が短期的条件によって大幅に変更され、施業の計画的実行が困難」であるとした[3]。

このように団共制度においても、小規模所有者の巻き込みは困難に直面し、森林施業計画の実効性確保も依然として進まなかった。森林施業計画制度で前提とされた所有者の自発性がほとんど期待できず、森林施業計画への参加をきっかけに小規模所有者や経営意欲のない所有者を計画的な施業へと向かわせるだけの制度的内容を伴っていなかったと現場では評価されていた。

森林計画制度への評価

森林計画制度全体の評価について、すでに指摘されてきたこととほぼ同様な問題が顕在化した。以下、4点に整理して述べよう。

第1に、地域森林計画の実効性や、森林施業計画との関係性の欠如が問題として指摘された。北海道の藤田は、計画立案に関しては十分な検討の余裕

がなく、地域の森林関係者の地域森林計画への期待が限定されているとした。そして、計画が実効性もつための条件として造林などの事業計画とのリンクを挙げたほか、地域森林計画と森林施業計画をつなぐパイプとして市町村森林計画の必要性を主張した[4]。また、神奈川県の込山は、地域森林計画は実施計画とは言えず、森林施業計画も民有林の全体的な実施計画といい難いため、森林計画制度において実施計画が明確でなく、森林計画が単なるペーパープランとなっていると指摘した[5]。

　第2は、伐採届出や施業勧告制度の実効性の欠如である。1980年の森林計画発表大会における鹿児島県の報告では、要届出件数に対して届出件数は約半数で、そのうち規定通り事前に届け出ているのは2割にとどまるという問題が指摘され、その解決方法として市町村を窓口にすることを提起した[6]。森林組合課長補佐であった依田は、適正森林施業確保のための施業勧告制度が機能しておらず、制度的意義を失っていると指摘した[7]。

　第3に、標準伐期齢についても多くの問題が指摘された。量的生産に焦点をおく標準伐期齢を考え直すべき[8]、経営の柔軟性を確保する観点から再考すべき[9]、森林施業計画策定に関わる県職員・森林組合の負担軽減のために再検討すべきなど[10]、標準伐期齢の設定の仕方や、そもそも標準伐期齢を設定することについて疑問が出された。これについて、森林計画課長補佐（1978年時点）であった湯本は、以下のようにかなり率直に問題点を認めている[11]。標準伐期齢を引き上げるべき、所有者が所有・経営目的に即した伐期齢にすればよいとの指摘があるが、「問題は、既存の制度の中にがっちりと根をおろしてしまったことであり、そのためこれを変更しようとするといろいろな摩擦が生ずる」とし、「保安林の伐採面積枠など施業制限林の伐期・収穫量の決定、森林買い入れの立木評価など行政諸施策の基準となっており、変更は困難である」と述べている。制度が複雑に絡み合うなかで、制度変更が可能な幅が狭くなり、身動きがとれない事態に陥っていることが示されている。

　第4に、森林計画制度の規制力の不在である。森林の公益的機能への期待の高まり、自然保護運動の高まりの中で、保安林と普通林の関係や、普通林における規制の必要性についての議論が行われた。林野庁企画課の蒲沼は、

森林計画と森林保全とのかかわりについて論じ、保安林以外では林地開発許可制のほかに強い規制はなく、地域森林計画も誘導的な性格であるとして、保安林と林地開発規制の間に新たに保全に重点を置いた規制方式の創設を行うことを主張した[12]。

　また、静岡県の星出は、地域森林計画における施業を特定する林分の指定、森林の機能別整備目標の設定を掲げる仕組みに関わって、第1に施業特定・機能整備林は、所有者の承諾を得たものではなく、拘束力は弱く、実効性確保が困難なこと、第2に保安林・施業特定林分・機能別整備が重複する場合が少なくなく、保安林の施業制限が拘束力の弱い施業特定林分の施業制限よりも緩いという矛盾のような状態も生じている、といった問題を指摘し、公益的機能維持増進という目標に沿って三者を再編すべきと提起した[13]。森林計画制度に公益的機能の維持の目的が組み込まれる中で、森林計画制度と保安林の関係性が改めて問われるようになったといえよう。

　以上のように、森林計画制度については。計画の実効性から、計画制度の下での営林監督の課題、さらには公益的機能発揮のための課題など広範な問題が指摘されている。森林計画を地につけるべく導入された森林施業計画制度も、制度の実効性が問われる事態になっていた。

第2節　森林計画制度への市町村の巻き込み

市町村の組み込みと補助金との連関

　以上みてきたように、森林計画制度の機能不全を打開する方法として市町村を計画制度に位置付けるという意見が多くみられるようになった。地域により密着した市町村行政が間に入ることによって、森林計画制度をより地につけて実効性を高め、伐採届出等施業監督の実効性を高めることを期待したのである。

　こうした期待が生まれた背景には、この時期、市町村の中に独自の林業振興施策を活発に展開するところが表れ、「地方林政」が注目を集めていたことがある。1960年代半ばから開始された林業構造改善事業は市町村の参加

を前提としており、市町村が林業振興に自覚的に取り組み始めるきっかけとなり、独自の林業振興施策を展開するところが増えてきた[14]。この中で地域林業振興を進める主体としての市町村に注目が集まり、これを政策的に位置づけようという流れが出てきたのである。

　1976年に、林野庁は林業振興に中核的な役割を担うことが期待される優良林業地を対象とした「中核林業振興地域育成特別対策事業（中核林振）」を開始した。これは市町村長が林業振興に関する計画を樹立し、この計画のもとで行う造林・林道などの事業に補助金など誘導措置を講じるものであり、おおむね2,000ha以上の総合施業団地を設定して保育・間伐・伐採を推進することとし、この団地は団共を作成することを原則とした[15]。

　さらに1980年には「林業振興地域育成対策事業」が始まった。中核林振が優良林業地を対象としていたのに対して林業後進地域も対象とし、内容的にはより総合的な振興策を講じることとした。市町村の主導のもとに、地域林業・山村の総合的な整備のための林業振興地域整備計画を策定し、これに基づいて各種施策を総合的に推進しようとし、計画事項においては地域森林計画との整合性を確保し、森林施業計画、特に団共を促進しようとした[16]。このため森林施業計画の作成に関わる面積が当該市町村の民有林面積の5割以上を満たすことを地域指定の要件とした。

間伐対策の強化

　市町村を森林計画制度に組み込もうとするもう一つの背景は、間伐対策であった。1980年前後には、戦後拡大造林地の育成に伴う間伐対象林分が増大しているにもかかわらず、間伐が十分進んでいないことが問題となり、間伐促進が重要な課題となった。1981年時点で間伐対象林分は約390万ha、早急に初回間伐を行う必要がある森林は190万haと推定されていたが、1977〜78年の年間平均間伐面積は約10万haに過ぎず、このまま推移すると間伐遅れ林分が大量に集積することが懸念されたのである。

　このため、1981年には間伐総合対策が創設された。この事業では都道府県が間伐促進総合対策を策定し、間伐促進重点市町村の指定を行い、指定された市町村が集団間伐実施計画を策定することとし、この計画のもとに行わ

れる間伐事業、さらには事業の基盤となる路網の開設、機械設備の整備、加工施設の整備に対して助成を行うこととした。重要かつ喫緊の課題となった間伐の推進を、市町村を関与させて総合的に推進しようとしたのが本事業の特徴といえる。

森林整備計画制度の導入

こうした流れを受けて森林法の改正を行い、市町村を森林計画制度に位置づけようとする動きが出てきた。当時の計画課長であった野村靖によれば、林業振興地域育成対策事業によって市町村を主体として様々な林業施策を一元化していたので、当初はこれを法制化するという議論があった。しかし、地域林業振興は森林法体系になじまないため、地域林業振興そのものを盛り込むことは断念され、これに代わって、市町村を計画主体とする森林整備計画制度を地域森林計画の下に創設することが検討された。当時計画課長であった野村は、「市町村を主体にして地域の盛り上がりで林政を進めていくという考え方、それから間伐・保育を喫緊の課題として進めていかなければならないということ、これが結びついて森林整備計画がつくりあげられた」と述べている[17]。

以上の検討をもとに、市町村を森林計画制度に巻き込みつつ森林整備や林業振興、間伐の推進を進めることを狙って森林法の改正を行うこととし、「森林法及び分収造林特別措置法の一部を改正する法律案」が1983年2月20日に国会に提出された。その主たる内容は、以下のようであった。

第1に、全国森林計画及び地域森林計画の計画事項において「間伐および保育」に関わる事項を独立した計画事項とした。

第2に、森林整備計画制度を創設した。都道府県知事は一定の要件に該当する市町村を森林整備町村として指定できるとし[18]、森林整備市町村に指定された市町村は、5年ごと10年を1期とする森林整備計画を策定し、都道府県知事の承認を得ることとした。計画事項は対象とする森林の区域のほか、間伐・保育その他森林の整備に関する基本的事項、間伐立木材積・間伐を実施すべき標準的な林齢その他間伐および保育の基準、間伐または保育が適正に実施されていない森林であってこれを早急に実施する必要のあるもの

（特定森林）の所在及び実施すべき間伐または保育の方法、作業路網その他森林の整備のために必要な施設の整備に関する事項などとなっていた。

森林整備計画の実効性確保のために、市町村長に間伐または保育についての勧告の権限が付与された。上述の特定森林について間伐保育が実施されない場合に、これを実施すべきことを勧告することができ、勧告を受けたものが従わない場合には、当該森林または立木の所有権移転・使用収益権の設定・移転に関して協議すべきことを勧告できるとした（要間伐森林制度）。

第3に、森林施業計画の認定要件について、森林施業計画の対象とする森林の全部または一部が森林整備計画の対象森林である時には、当該森林整備計画の内容に照らして適当であることを加えた。

国会では、同法案について基本的に大きな反対意見はなく議論は終了し、4月15日に衆議院で、4月20日に参議院で可決成立した[19]。衆参両院ともに、市町村の自主性を尊重しつつ関係者からの意見の聴取に努めること、市町村の林業行政体制の充実に努める等の付帯決議を行った。

林業振興・間伐促進のために森林所有者を動かすためには、所有者・地域に最も密接した行政機関である市町村が推進していく必要があるとの観点から、市町村森林整備計画の仕組みを導入した。こうした点で、森林施業計画に続いて、市町村森林整備計画についても「動員」型の性格を強く持っているということができる。

森林整備計画をめぐる当初の展開

林野庁は、指定要件を満たす市町村は 2,200 と想定、1987 年までに 1,500 の市町村で森林整備計画の樹立を期待していた。なお、森林整備計画は前述の林業振興地域計画制度と一体的に運用することとされ、林業振興地域整備計画を森林計画制度に結びつける役割も果たしていた。1987 年 8 月号の『林野時報』において 1,437 市町村において林業振興地域整備計画が策定され、このうち 1,366 市町村において森林整備計画が樹立済みであることが示されている[20]。

ところで、1980 年前後は地方林政が注目されていたこともあって、林政研究者が市町村林政の研究に取り組んでいた。これら研究においては、補助

金などの事業主体としての役割はこなしているが、一部の先進的な市町村を除けば、市町村は自覚的な地域林業の組織者になりえていない、総合的・継続的な森林行政展開は弱いなどの問題点が指摘されていた[21]。市町村の体制が弱体であるという点については林野庁としても認識していたが、その対処方針について、前出の野村は、「新しい制度をつくり、市町村に登場してもらうことで体制整備も平行して進めていくんだということでスタートした」と述べている[22]。また、東京農工大学教授で森林計画が専門の岡は「市町村林政を担う人的面の体制整備の問題がある」としつつ、整備されなかったのは法的裏付けがなかったのが原因であり、「法制度の整備がなされれば、おのずと人的面の体制も充実の方向に向かうはずである」と楽観的な見通しを示した[23]。

市町村の森林行政体制に不安を抱えての市町村の林業振興・森林計画への組み込みであったが、この後も市町村の巻き込みが森林計画と補助金の結びつきの深化という形で進んでいった。

前述したように 1981 年から「間伐促進総合事業」が開始されたが、森林整備計画制度が誕生したことを受けて、森林整備計画と間伐対策を連結させて間伐を促進することを狙った「新間伐総合対策」が 1985 年から開始された[24]。この事業では都道府県が間伐促進のための指導方針や間伐の全体計画などに関する間伐促進総合方針を策定し、森林整備市町村はこれに基づいて、森林整備計画に沿って間伐の実施計画を策定することとした。この事業では間伐実施計画をもとに行う間伐や林道・作業道の作設、機械施設の整備などに助成措置を講じた。間伐促進を市町村の関与のもと、森林計画制度と助成を組み合わせて行おうとしたのである。

行政監察による計画制度への勧告

総務庁が森林資源の整備などに関する行政監察を行い、1987 年 6 月 5 日に農林水産省に対して勧告を行ったが、その中で森林計画制度についても指摘があった。

勧告では、全国森林計画と地域森林計画の間で伐採材積量に不整合があること、地域森林計画の計画量と実行量とに著しい差がみられる県があること

を指摘し、「農林水産省は、事業実績、過去の伐採傾向などの実態などを十分反映するよう全国森林計画を見直すとともに、全国森林計画策定にあたって行う都道府県との事前協議などを通じ、都道府県に対し、整合性のある地域森林計画を策定するよう指導する必要がある」とした。

また、森林施業計画についても必要な間伐などの施業を記載していないものがあるほか、頻繁な変更を行うなど適切な計画を策定していないものがあること、実行率が著しく低い計画に対して県が遵守させるための指導を行っていないことを指摘し、「農林水産省は、森林施業計画の認定の適正化と実行の確保を図るため、都道府県に対し、認定時における実効性のある森林施業計画の作成、実行に対する意思確認の徹底、実行率が低いものに対する重点指導などについて指導するとともに、森林施業計画の変更認定に関する要件の緩和などについて検討する必要がある」との勧告を行った[25]。

ここでは計画数値の整合性や計画の実行率に焦点を絞った指摘が行われており、森林計画制度の「事業実行」や「事業の実行に向けた動員」面に着目した監察が行われていることがわかる。計画制度の運用や実行を外部から明確に判断できるのは、これら計画数値をめぐる状況であり、物量計画としての計画制度が評価の対象となり、数量的な実効性確保に向けた計画制度運用に拍車をかけている構造をみることができる。

第3節　特定保安林制度の発足

保安林制度をめぐる状況

前述のように、第3期保安林整備計画の下で、保健保安林を中心とした指定面積の拡大、指定施業要件の改善についてはほぼ計画通り達成された。次の課題として認識されてきたのは、保安林の適切な整備であった。人工林の適切な管理が課題として認識され、間伐総合対策が進められたが、保安林についても適切な整備によって機能を発揮させることが重要な課題となった[26]。

保安林整備臨時措置法の期限が1984年に切れることもあって、今後の保安林政策を検討するために1982年9月30日には「保安林問題検討会」が設

置され、12月7日に最終報告が行われた。検討会は、これまで保安林整備が量的確保に重点を置いて進められてきた結果、適切な整備などが行われず保安林機能が高度に発揮されているとは言い難い状況にあると認識し、次のような提言を行った。第1に、保安林の機能の維持と質的向上を積極的に進めることが必要であり、都道府県知事が策定した計画に基づいて、保安施設事業・植栽・林相の改良などを重点的かつ一体的に推進することとし、必要な場合は知事が森林整備を勧告できるようにする。第2に、防災保安林・水源かん養保安林についてきめ細かな配備を行う。第3に、水源かん養保安林の機能発揮のための経費の費用分担、生活環境保全林整備事業などの充実強化などを総合的に検討する。

　以上を受けて、林野庁では保安林整備臨時措置法の改正方向をまとめた、これまでは条文の変更を行わない単純延長であったが、保安林の機能維持・質的向上を図ることが必要となったため、機能の発揮が低位で機能向上を図る必要がある保安林を特定保安林として指定するという新たな内容を盛り込むこととした。

保安林整備臨時措置法の改正

　「保安林整備臨時措置法の一部を改正する法律案」の内容についてみてみよう。

　まず、保安林整備計画に「特定保安林の指定に関する事項」を定め、特定保安林の指定の基準及び整備方針について記載をすることとした。特定保安林の指定は、保安林の指定目的に即して機能していないと認められる保安林のうち、その区域内に造林・保育・伐採などの施業を早急に行う必要があると認められる森林が存在する保安林に対して、農林水産大臣が都道府県知事と協議のうえで行う。なお、都道府県知事は指定を農林水産大臣に申請することもできる。

　都道府県知事は、地域森林計画を変更し、特定保安林のうち早急に施業を実施する必要がある森林を要整備森林として定め、その所在及び実施すべき施業の方法と時期などを記載する。また、要整備森林の所有者が地域森林計画を遵守していない場合、所有者に対して施業の勧告を行うことができ、勧

告を受けたものが従わず、また従う見込みがないと認めるときには、その者に対し、都道府県知事が指定する者と分収林契約の締結や施業の委託などの協議を行うよう勧告できるようにした。このほか、要整備森林で行う伐採が地域森林計画に定められた内容と合致している場合は知事の許可を要しないとした。

当初は保安林整備協定を結んで、受益者が費用分担を行う仕組みを法案に組み込むことが構想されたが、内閣法制局の審査のなかで、受益者の限定などが困難であることが指摘され、見送られた。

同法案は、1984年2月27日に国会に提出され、大きな対立はなく[27]、衆議院で4月19日、参議院で4月27日に可決され、4月28日に公布施行された。

これまでも森林計画で保安林に関して一般的な施業の方向性を示していたが、本制度の導入に伴い、要整備森林については具体的に所有者に対して内容を示して施業を行わせようとした点で、従来とは一線を画すものとなっている。森林計画制度は、保安林も含めて森林整備を進めるための動員計画としての性格をさらに強めたといえよう。

第4次保安林整備計画の策定

保安林整備臨時措置法の一部改正を受けて、第4次保安林整備計画を策定することとなった。その基本的な方針は以下のようであった。

まず、保安林の指定については面積的な拡大は順調に進展してきたため、従来のような拡大方針はとる必要がなくなった。一方で、新たな利水施設の設置に対処するための水源かん養保安林、森林レクリエーション需要の増大に対処するための保健保安林などは今後も指定をする必要があり、これら保安林に重点を置いて指定を進めることとした。

また、指定目的の機能を果たしていないと認められる保安林を積極的に特定保安林に指定し、要整備森林において造林、保育などの必要な施業を確保することとした[28]。1985年からは特定保安林について地域森林計画の変更などを行うための「特定地域森林計画樹立事業」や、特定保安林を緊急に整備するための造林事業及び林道事業も開始された[29]。

表13 は、第 4 期保安林整備計画における目標数値と実績を示したものである。上述のような方針を反映して第 3 期保安林整備計画のような大幅な指定面積の増大をめざしてはいないが、重点の一つとされた保健休養保安林はもともとの指定面積が少ないため、増加面積が相対的に大きくなっている。いずれの保安林ついても目標をほぼ達成した。

次に特定保安林の指定状況をみたものが表 14 である。当面整備が必要とされる特定保安林の指定は 1985 年から 89 年の間でほぼ完了し、要整備森林に対して前述の事業が活用されて整備が行われていった。指定された保安林のほとんどは水源かん養保安林であり、これに土砂流出防備保安林が続き、その他保安林は 1,000ha 程度に過ぎなかった。1996 年から指定面積が減少しているのは、整備が完了して機能が回復した特定保安林を解除したためである。

なお、1985 年頃から水源税創設運動が活発化した。前述のように、水源保全をめぐる費用負担の議論の中から、森林整備のための目的税を創設する動きが林業関係者から始まり、1985 年には林野庁から 1986 年度税制改正要望として水源税の提案が行われた。これは用水使用量に応じて税を徴収して荒廃林地の整備に活用しようというものであった。同じく 1985 年に建設省

表13 第 4 期保安林整備計画における保安林整備目標面積及び実績

（単位：1,000ha）

	1983 年末面積		第 4 期目標面積		1993 年面積		増加面積	
	国有	民有	国有	民有	国有	民有	国有	民有
水源かん養保安林	3,089	2,719	3,200	2,948	3,173	2,939	84	221
土砂流出防備保安林	722	1030	760	1178	760	1,224	38	193
保健保安林	238	250	275	297	281	295	43	45
合計	4,145	4,198	4,332	4,629	4,309	4,667	164	470

資料：第 4 期保安林整備計画、森林・林業統計要覧
注：合計には上記 3 種以外の保安林も含む

表14 特定保安林の指定状況 （単位：1,000ha）

	1985	1986	1987	1988	1989	1990	1991	1992	1993	1994	1995	1996	1997
水源かん養保安林	143	241	348	416	447	448	448	449	449	449	455	405	376
土砂流出防備保安林	25	49	68	80	81	81	82	82	82	82	83	77	67
その他保安林	0	1	1	1	1	1	1	1	1	1	1	1	1

資料：保安林制度百年史

から水量・水質の確保などを目的として流水使用料の改訂が提起された。1986年には林野庁・建設省共同による、「森林・河川緊急整備税」の創設が1987年度税制改正要望として出された。しかし、目的税による特定財源の創設には経済界などの反対が強く、新税の増設は見送られ、これの見返りとして1987年度の治山・治水公共事業への重点的配慮、森林・河川基金の創設と税制上の損金算入措置をとることとなり[30]、後者は国土緑化推進機構に「緑と水の森林基金」として設置された。

第4節　リゾートブームをめぐる動向

新たな自然保護運動の高まり

　1980年代には奥地天然林と都市近郊林の二つを対象として新しい自然保護運動の高揚がみられた。

　前者に関しては、国有林に残されていたまとまりのある原生林[31]に伐採や林道建設の手が及び始めたことに対して、森林の保護運動が活発化した。中でも大きな盛り上がりをみせたのが白神山地のブナ林保護運動と知床の原生林保護運動であった。

　白神山地においては1978年に青秋林道の建設計画が策定された。これに対して、82年に秋田県藤里町が中止要望書を出したことを嚆矢として、反対運動が地元住民の中から始まった[32]。これとほぼ時を同じくして東北脊梁山脈における国有林のブナ林伐採問題が生じ、各地でブナ林の保護運動が大きな盛り上がりをみせた[33]。

　一方、北海道知床国立公園内の国有林における択伐計画が1986年に発表されると、道内だけではなく全国的な反対運動が繰り広げられた。地元斜里町においても知床の原生的な自然を対象とした観光が重要な産業であることもあって、反対運動が活発化した。

　以上のような保護運動は、都市部だけではなく地元からも反対の声が上がったという点で、これまでの自然保護運動と様相を異にしており、地域の貴重な自然資源や国土の保全、観光資源保護といった観点から運動が展開され

た。この結果として青秋林道の建設計画は中止となり、知床伐採計画も地元斜里町において伐採反対の町長が誕生したこともあって、伐採は1年のみで中止となった。林野庁も国有林における原生林の管理のあり方を再考せざるを得なくなり、森林生態系保護地域という原生林を手つかずのまま守る画期的な保護林制度を導入するにいたった。

1980年代は身近な自然に関心が高まった時期でもあった[34]。それまで市民による自然保護活動は原生林等自然度の高いところを対象として展開されるケースが多かったが、雑木林保全や里山保全の活動が各地で活発化した。列島改造論に端を発する土地ブームによって1970年代から都市近郊の緑地保全が問題となっていたが、1980年代に入ると身近な自然の価値が見直され、これらを対象とした保護・保全活動が活発に行われるようになった。松村は、こうした活動が森林自体の開発からの保護だけではなく、その管理保全を自ら担った点で市民参加型運動としての新規性があると指摘した[35]。なお、ほぼ同時期に、手入れ不足の人工林の整備にボランティアとして参加する森林ボランティア活動も活発化しており、団体数・参加人員という量と、活動内容の深化という両面で急速な発展を遂げていった[36]。

リゾート開発ブームと国有林の対応

一方、1980年代後半からのバブル経済によりリゾート開発ブームが生じ、これを後押しするために1987年に総合保養地域整備法が制定された。この流れについて、依光の整理に従ってみると次のようになる[37]。

1980年代半ばの日本経済の状況をみると、1970年代後半以降の資本主義の構造的危機のもとで、産業構造を技術立国へと転換させ、新たな高度通信ネットワークの整備と第三次産業化を志向するという大きな流れがあった。このような経済情勢の中で策定された第四次国土総合開発計画（以下、四全総）は、策定過程で東京一極集中が提示されたことが強く批判され、多極分散型国土の形成を前面に打ち出す形で策定された[38]。基本的課題として「定住と交流による地域の活性化」をあげ、これに関わって「都市と農山漁村との広域的交流」を進めることとしたが、リゾート開発など「都市サイドからの山村を包摂する形での」交流を中心として、リゾート振興を積極的に推進

する方向性を打ち出した。

　一方、金融緩和・資金過剰が生じる中で、資金のはけ口として土地投機やゴルフ会員権取引など財テクブームが進んだ。林地開発許可面積からゴルフ場開発の動向についてみると、列島改造論時の土地ブーム以降落ち着いていたものが1983年から急増し、86年には「列島改造」レベルに到達した。

　以上のような流れの中で、四全総でも重要課題として位置付けられたリゾート開発が、内需拡大の切り札としての国策的位置づけを与えられ、1987年3月には「総合保養地域整備法」（いわゆるリゾート法）が成立した。この法律は、滞在型の多様なレクリエーション活動を行うため、良好な自然条件を備えた地域を対象にして民間活力導入で施設整備を行おうとするものであった。このために政府系金融機関による低利融資の供与のほか、土地転用の許認可への配慮や税制面での優遇などの措置がとられることとなった。

　国策としてリゾート開発が推し進められる中で、林野行政もこれに対応した政策を展開した。国有林ではリゾート法に先駆けて1987年2月に「森林空間総合利用整備事業（ヒューマングリーンプラン）」を開始し、国有林における大規模リゾート開発の道を開いた。この事業は、「国有林内の自然景観のすぐれた地域、野外スポーツに適した森林空間及び温泉資源等を積極的に国民の利用に供する」[39] ことを目的に国有林野を提供し、自治体、第3セクター、民間事業体等によるレクリエーション施設の整備を行い、借地料収入を期待するというものであった。これに対して、研究者の多くは批判的であり、大浦は、「国有林は経営の主体としていた林業部門の大幅な縮小を宣言し、そして、80年代に入っての大企業主導の大規模リゾート開発ブームが進む中、国有林野における森林レクリエーション事業を、自己収入確保を主眼とする極めて主体的な事業として位置付け」[40] たと評した。

保健休養への林野庁の対応

　1986年11月に出された林政審議会答申では、森林・林業に対する多様な要請に応えるために、レクリエーションなど森林を総合的に利用することが重要であるとし、利用目的に応じた森林の整備を行う必要があることを指摘した[41]。また、自治体や森林組合からは、森林のレクリエーション利用を行

い、地域の活性化につなげたいという要望も高まってきた。

こうした中で、林野庁において課題として認識されたのは、第1に森林に関する法制度の中で、森林の保健休養機能が明確な位置付けがなされていないことであり、第2に森林の保健休養の場としての利用を計画的に推進するための仕組みがないことであった。特に、第2の点に関しては、私有林において保健休養の場を設定すると多数の所有者が関わることとなるが、これら所有者を統合・誘導する仕組みが存在しないこと、施設整備と適切な森林管理の両立を図る仕組みがないこと、施設整備が森林法体系に位置付けられていないために森林法の監督権限が及ばないこと、などの課題が認識された[42]。

こうした課題を解決するために1988年の第114回国会に提出されたのが「森林の保健機能の増進に関する特別措置法案」であり、国の政策としてのリゾート開発の要請及びこのチャンスを生かしたい地域・森林組合の要請に応えつつ、森林資源の保続培養を確保するためにつくりあげた法案であった。法案の内容は、以下のようであった。

第1に、森林計画制度の中に森林の保健休養利用を位置づけた。保健機能の増進を図るべき森林に関する基本方針を定め、このもとで農林水産大臣が全国森林計画に保健機能の増進に関する方針を定め、さらに都道府県知事が地域森林計画において保健機能森林の区域や施業の方法・森林保健施設の整備を定めることができるとした。また、森林所有者が策定する森林施業計画が保健機能森林の区域内にある場合[43]、森林施業計画を変更し、対象森林の保健休養機能の増進を図るための計画を当該森林施業計画の一部または全部として定め、都道府県知事の認定を求めることができるとした。

第2に、森林の保全と両立しうるレクリエーション施設整備の基準を明確化した。上述の森林施業計画の認定の際に、その設置によって森林の有する保健機能以外の諸機能に著しい使用を及ぼさないと認められるものに限定して施設整備を認めるとし、施設面積の上限の設定、総量の規制、施設の位置・配置・構造等の技術基準を示したほか、保安林内では保安林の指定目的の達成に支障がないことを条件とした。

以上のように森林施業計画認定に際して認められる施設整備に高いハードルを設定する一方、手続きの重複を避けるため、林地開発許可及び保安林の

立木伐採・土地形質の変更に関する許可を不要とし、施設敷地の植栽義務を課さないこととした。

この法案は第114回国会では会期切れのため提案が行われただけで継続審議となり、続く第115回国会では自民党の参議院選挙での敗北を受けて再び継続審議となり、第116回国会において成立した。

国会における議論の中で本法案の性格づけがうかびあがった。第1は総合保養地域整備法と本法案の違いは何かという点であり、本法案は「林業・山村の側に立つ」ものであり、「森林を維持しつつ地域活性化」[44] を図るものであるとの答弁がなされた。第2はなぜ森林法の一部改正にしなかったのかという点で、森林法が森林資源の管理を目的としているのに対して、本法の目的は森林の利用や地域の活性化であり、法の目的が異なっていることなどから森林法の枠を超えており、別法案としたとの答弁がなされた。このほか、開発を十分に規制できるのかが論点となり、特にゴルフ場の開発がこの法案で許容される可能性について議論が行われた。ゴルフ場開発については、規則で定めようとしている規制内容に照らして、ほぼ不可能となっており、ゴルフ場の開発は本法案が想定する保健休養施設には入っていないとする答弁が行われた。

本法案は共産党のみが反対した。反対理由は、第1に保安林の解除手続なしに保安林区域内の開発行為を認める点であり、保安林行政を形骸化させること、第2は保健施設の整備に関して林地開発許可制度の適用除外としていること、第3に保安林の解除に際して意見書提出や聴聞も開催ができないなど、住民の側から乱開発抑制の手段を奪うものとなっていることであった。

森林の保健機能増進法に対する評価

同法は自然保護団体関係者からは強く批判され、国会上程の際にはゴルフ場問題全国連絡会を中心とする自然保護団体から異議が出された。ゴルフ場問題全国連絡会会長を努めた藤原が体系的に批判の論陣を張っていたが、主要な論点は以下のようであった[45]。第1に森林保健施設の内容など具体的内容を政令・省令などで定めることとなっており、法律にあいまいさがあること、第2に総量規制と技術基準の内容が十分ではなくゴルフ場など大規模レ

クリエーション施設開発の歯止めにならない可能性があること、第3に林地開発許可・保安林の開発許可に関して特例を設けることで開発抑止の歯止めが失われることである。また、レクリエーション施設建設によって植生が失われる場合は、本来であれば保安林を解除すべきであるが、同法によって保安林のまま開発できる道を開き、自然保護団体が保安林解除申請に対する異議意見書を提出することで抵抗する道がなくなったことをあわせて批判した。

これに対して、森林レクリエーション研究者の土屋は、「法律にともなって策定される総量規制や技術的基準の厳しさからして、自然保護団体等が危惧しているような乱開発のおそれはほとんどなく、一方、レクリエーション計画の森林計画への組み込みなど、森林レクの施策はこの法律によって大きく進んだ」と評価した。また、林政学的観点からみれば国家的なリゾート開発推進政策の一環であることは明らかであろうとし、「開発規制制度としては非常に厳しい内容をもつ保安林制度に、大きな例外を作ったという意味でもこの法律は画期的である」[46]との評価を行った。

計画ゾーニングの導入

『森林保健機能増進法の解説』では、同法の特徴として、森林計画制度の中に保健休養を位置付けたこととともに、保全と利用の両立確保のための基準を提示したこと、森林法制に誘導的なゾーニングの考え方を導入したことをあげている[47]。それまで森林法体系の下で実効性を持って機能していたゾーニングは、公益的機能発揮のための規制をかけた保安林制度であったが、普通林に対して特定の目的の利用を促進させるための誘導的なゾーニングを初めて制度的につくったといえる。

ゾーニング導入の特徴は、森林施業計画を応用した点にある。「保全」と「利用」の双方を、実効性を持って確保するためには、所有者に対して規制・動員の双方向での介入を実効的に行わせる必要があるが、普通林に対してそうした介入を法制度的に確保することは困難である。そこで「自発的」に策定される森林施業計画制度を通して所有者に対するコントロールを確保することとしたのであり、森林施業計画の新たな「可能性」を切り開いたともいえる。

表 15　森林保健機能増進計画の認定状況

年度	認定件数	市町村数	対象森林面積 (ha)	うち保安林面積 (ha)
1990	6	6	214	53
1991	8	8	395	186
1992	8	8	389	258
1993	11	11	503	277
1994	5	5	291	244
1995	9	10	631	403
合計	47	48	2,423	1,421

資料：保安林制度百年史

　なお、森林保健機能増進計画の認定状況は、表 15 のようであった。1995
年末時点での 47 件の指定があり、対象面積は 2,423ha と多くはなかった。
このうち保安林を含むものは 35 件、対象森林面積全体に占める保安林面積
の比率は約 6 割となっていた。

第5節　森林法による林地保全政策の限界

リゾートブームへの対応

　前述のようにバブル経済の下でのゴルフ場・スキー場などのリゾート開発
が進展してきたことに対して、最前線で対応することとなった地方自治体は
条例を制定するなどして開発抑制を図ってきた。表 16 は都道府県による、
表 17 は市町村による森林・緑地の保全に関わる条例などの制定時期を示し
たものである[48]。列島改造時以降一旦落ち着いていた条例などの制定が、リ
ゾートブームによる開発対処のため 1986 年以降活発化していることがわか
る。自治体の対応としては、条例を制定する場合が多いが、要綱などによっ
て対応しているところもある。また、これら条例等の内容は、開発許可や総
量規制などの強い規制措置をかけているところから、単なる届出にとどめて
いるところまで多様であった。

　以上のように自治体レベルの対策が講じられる中で、林野庁においても何
らかの対策をとる必要が認識されてきた。森林の保健機能の増進に関する特

第6章　1980〜90年代の森林管理政策

表16　森林緑地保全に関わる都道府県の条例などの制定状況

	1970年以前	1971〜75年	76〜80年	81〜85年	86〜90年	91年以降	計
条例	2	14	7	5	13	12	53
規則	1						1
要綱	1	24	3	3	11	9	51
事業		1	1	1	2	12	17
その他		2			4	6	12
計	4	41	11	9	30	39	134

資料：都市近郊林の保全と利用

表17　森林緑地保全に関わる市町村の条例などの制定状況

	1970年以前	1971〜75年	76〜80年	81〜85年	86〜90年	91年以降	計
条例	70	321	96	107	207	290	1,091
規則	10	4	2	2	8	7	33
要綱	7	188	66	67	138	105	571
事業	4	─	3	3	5	4	19
その他	1	3	3	5	15	10	37
計	92	516	170	184	373	416	1,751

資料：都市近郊林の保全と利用

別措置法は30ha以上という広いまとまりを持った森林を対象としたもので
あったため、これよりも小規模なレクリエーション施設の整備についても森
林と保全の両立に関わって何らかの対策をとる必要も認識された。

　このため、学識経験者から構成される「林地保全・利用問題検討会」が設
置され、保安林制度・林地開発許可制度に関わる問題点と改善の方向につい
て検討が行われた。1990年5月に出された報告書では、以下の点が問題と
して指摘された。

①保安林の土地形質変更許可の基準が必ずしも明確ではなく、都道府県に
　よって運用に差がある。

②森林の開発転用が大規模化しており、ほとんどの都道府県が条例により開
　発規制を実施している。

③保安林解除・林地開発許可にあたっては一定の森林の残置や造成を義務付
　けているが、開発転用されて当初期待した機能が損なわれている実態があ

127

る。

④林地開発許可制度の対象となっていない 1 ha 未満の開発は、把握されているだけでも年 2,000ha に及び、スプロール化の進展・災害発生の危惧・残地森林の再開発などの問題が生じている。

⑤林地開発許可は地域における開発の進展状況や森林の賦存状況を勘案する仕組みになっていないので、特定地域への開発の集中化などに適切な対応ができていない。

これらの課題を踏まえて、保安林内での土地の形質変更許可の基準を明確化すること、保安林解除・林地開発許可に関わる残地森林・森林の造成に関わる基準を明確化・強化すべき等の提案を行った[49]。

保安林制度・林地開発許可制度の見直し

以上の報告を受けて、1990 年 6 月に保安林制度及び林地開発許可制度の運用の見直しが行われ、1991 年に森林法の一部改正による林地開発許可制度の見直しが行われた。

まず前者であるが、「保安林及び保安施設地区の指定、解除等の取り扱いの一部改正並びに保安林の転用に関わる解除の取り扱い要領の制定及び開発行為の許可基準の運用細則についての一部改正について」[50] によって、林地開発許可について、残地森林などの割合や配置などについてより厳格かつ明確な基準を規定したほか、土工量についても基準を設けた[51]。基準を設定する際には、「都道府県が条例・要綱などを定め実施している開発規制の内容などを踏まえ、従来の基準が見なおされた」[52] とされているように、先進的な自治体の取り組みを取り込んだ性格もっていた。

保安林については、解除の要件として残置森林の割合などの基準を具体的に示したほか、水源かん養保安林の転用解除を必要とする場合には、当該保安林の機能を補完するための代替施設の設置や代替保安林の指定を解除要件とすることとした。保安林の土地形質変更許可基準についても、許可の対象とする行為の範囲を明確化し、保健保安林内における対象面積 30ha 未満の行為に関する許可基準が詳細に定められた。小規模な森林保健休養施設については解除ではなく、土地形質変更の許可で処理できるようにした。

128

1991年の森林法の改正では林地開発許可制度に変更が加えられた[53]。それまでの許可要件は、開発行為が広域に対して与える影響には対応できていなかったが、同改正で、開発行為によってその森林のもつ水害の防止の機能が損なわれ、下流地域において水害を発生させる恐れを生じさせないことを許可要件として追加し、当該開発行為に伴い水害を発生する恐れがある場合には、洪水調節池設置などの措置をとることとした[54]。また、林地開発許可に関わって、地元の意向を的確に反映させ、専門的見地から判断しうるよう、都道府県知事は許可にあたって都道府県森林審議会及び関係市町村の意見を聴取することとした。

林地問題研究会による検討

　前述の「林地保全・利用問題検討会」の報告では、引き続き検討を行うべき課題として、開発が著しく進展している地域等で林地開発許可制度の適用対象を1ha未満に広げること、開発によって既に森林が著しく減少した地域で一定水準の森林を確保するための制度の導入などを挙げていた。都市近郊の森林保全を進めるためには、前項に述べた保安林・林地開発制度の変更だけでは十分ではなく、より抜本的な制度整備の必要性が認識されていたのである。

　以上を受けて、都市近郊を中心とした急激な森林の減少に対する新たな取り組みを検討するため、1994年7月に林野庁長官の私的研究会として「林地問題研究会」が設置された。この研究会では、既存の法制度の検討などのほか、地方自治体による林地保全を目的とした条例等について全自治体を対象として調査を行っており、特に後者の調査は資料価値が高い[55]。

　この研究会は1995年10月に「都市近郊などにおける林地の保全・利用に関する提言」をまとめた。この報告では、課題として第1に森林法は保安林以外ゾーニングの仕組みはなく、保安林は規制が厳しいために保全が必要とされる森林すべてが指定されていないこと、第2に林地開発許可制度は1ha未満を対象としていないなど不十分な面があることを指摘した。林地問題への対処の基本方向として、実効性のある総合的な土地利用計画策定の仕組みの導入と実行が必要であるとし、以下を提案とした。

129

①森林の機能評価手法の検討と、機能区分による効果的林地管理を行う。

②保安林は林地保全を図るうえで極めて効果的な措置であるため、解除事務の迅速化・簡素化や作業基準の見直しなど保安林制度の運用改善を図る。

③小規模林地開発について引き続き的確な実態把握に努めるとともに、林地開発が公益的機能に及ぼす影響を科学的に解明する。以上を踏まえ、必要に応じ対象面積の引き下げなどの検討を行う。

④林地開発許可制度は受け身の措置であり、より積極的に林地保全を進めるために土地所有者との合意を形成する等多様な管理手法を検討する。また保全が必要な森林の公有地化を進めるほか、管理主体を育成する必要がある。

⑤すでに地方公共団体が積極的に取り組んでいることから、これら団体との連携を図るとともに、支援を行う。

森林法による林地保全対策の「限界」

　林地問題研究会による提言は、問題意識の明確さに対して極めて歯切れの悪い内容になっている。この要因については、事務局サイドが検討状況に関する内部資料を公開しており、抜本的な検討を行いつつも様々な制約によって制度・政策への落とし込みができなかったことを明らかにしている[56]。検討の対象となった手法と検討結果の概略について、少々長くなるがこの資料によって紹介したい。

①保安林制度と林地開発制度を統合する：保護法益が異なり、規制の手法も異なるので一本化は困難であり、仮に一本化した場合、開発行為の規制を保安林制度に合わせることとなり、規制が強すぎて非現実的であった。

②保安林制度・林地開発許可制度の中に新たな許可制度をつくる：保安林制度・林地開発制度のそれぞれの中により厳しい制度をつくること、より緩い制度をつくることの合計4パターンについて様々な制度創設の可能性について検討されたが、既存の制度の運用で対処できる、保安林制度・林地開発制度間に矛盾が生じる、私権制限を最小限とするという原則に抵触するといった問題があり、いずれも実現困難であった。

③総量規制の導入：局所集中的な林地開発が進行している状況に対して、特

別森林保全区域を設定して総量規制を行うことも検討されたが、保安林制度との調整の困難さ、保全すべき森林の区域や水準の設定の技術的な困難さのほか、早い者勝ちが生じるといった問題があった。

④保安林・林地開発許可への上乗せ・横出しを条例で行えるようにする：条例で保安林と同様の制度をつくることは意味がなく、規制を強化することの合理的な説明が困難であった。林地開発許可を強化することは、保安林制度との関係で矛盾が生じ実現困難であった。

⑤林地開発許可の面積基準1haの引き下げ：現行制度では開発許可申請は、土砂流出などの災害・水害の恐れ・水の確保の著しい支障・環境悪化の恐れの観点から審査されるが、これら審査基準から1ha未満も対象とする合理的根拠が示せない。また、これ以外の法益から1ha未満を対象とすることは、保安林制度との関係の整理が困難なほか、例えば景観保護等を法益に組み込もうとした場合その基準を示すことが困難であった。

⑥森林所有者と自治体の長との保全のための協定：協定の締結（所有者が保全を行う一方、行政は税減免などの優遇措置を講じるといった内容）については、所有者が変わった時に承継性を持たせることが困難で、また行政の長と私人が個別に協定を結ぶ例がこれまでないことに難点があった。協定の形式をとらない登録については法律事項がなく、法律として組むことができなかった。

⑦市町村森林保全計画の策定：森林計画制度の中に森林の保全に関する事項を位置づけ、保全する森林所有者に優遇措置を講じる仕組みは、保全すべき森林と保安林の関係の説明が困難であった。

　以上のように、現行の保安林制度自体を抜本的に改革しない限り改革は不可能であること、また私的所有権優位の中で規制措置が限られ、機能の科学的証明が困難であるため規制の根拠を示しにくく制度化が困難であること等、森林保全のための規制的制度展開に限界があることが明らかになったのである。

　開発ブームやバブル期の無秩序な森林開発に対して一定の対処を行ってきたものの、規制的手法については、上記のように保安林制度など大きな制度の手直しなしには不可能な段階に逢着しており、これ以後森林法による開発

規制の制度展開は進んでいない。

　以上より示唆されたことは、第1に、土地所有権保護がきわめて強い日本において、普通林において林地保全を図ろうとした場合、林地開発許可制度が最大限の仕組みであり、1 ha という面積基準の引き下げも困難であり、こうした制約のもとで森林施業コントロールを行わなければならないことである。第2に、林地保全に関わって規制強化の方向で制度改革を行おうとすると、森林の規制を一手に担ってきた保安林制度が改革の障害となるという極めて皮肉な事態が生じている。資源造成主体の森林政策の中で表面化しなかった問題が、バブル期において初めて表面化したが、林野法制の現状の枠組みのなかでは解決の道は閉ざされていた。

　こうした中で、土地所有者との協定や公有地化、市民ボランティアによる管理など、独自手法による林地保全が都市近郊の自治体等が中心となって進んでいった[57]。

第6節　森林計画と流域管理システム

流域管理システムの提起

　1980 年に成立した臨時行政調査法の下、「小さな政府」をめざすいわゆる臨調行革路線が本格的に展開され、第2次臨時行政調査会の答申を具体的に実行するために設置された臨時行政推進審議会は、1990 年 4 月に最終答申を行った。この中で、林政改革の基本方向を「林業の生産性の向上に努めるとともに、緑と水に恵まれた国土を形成するため、森林資源の整備と森林の公益的機能の発揮を進める。林業と山村地域の活性化に向けて、国有林・公有林・民有林を通じた施業体系を確立するとともに、林政と国土環境政策との連携を強化する」と設定した。

　さらに 1990 年 12 月には林政審議会が「今後の林政の展開方向と国有林野事業の経営改善」の答申を出したが、これは次のような要請のもとに作成されたものであった。第1に森林の公益的機能への期待が高まり、対応が必要とされてきたこと、第2に 1978 年以降国有林野事業経営改善措置法の下で

経営再建を進めている国有林の経営状況が依然として悪化していること、そして第3に国産材の供給が減少を続けていて林業生産の体質改善が強く迫られていたことである。この答申では、流域管理システムの確立を第一にかかげ、民有林・国有林の連携により、流域を単位として公益的機能の発揮を図りつつ、まとまりのある国産材供給体制を整えることを通じて、多様な森林の整備及び国産材時代を実現するための林業生産推進を進めることを提起し、森林計画制度の改善を求めた。これは上述の臨時行政推進審議会の答申とも軌を一にするものであった。

流域管理システムの導入

以上の答申を受けて、流域管理システム構築の条件を整えるために1991年に森林法の改正が提案された。改正案の内容は以下のようであった。

第1は、森林計画制度の改正である。流域管理システムを進めるために、地域森林計画を広域流域単位に樹立することとし、民有林・国有林共通の区域（158森林計画区）に再編することとした。全国及び地域森林計画の計画事項に、森林施業の合理化に関する事項を追加し、全国計画では森林施業の共同化、林業従事者の養成・確保、林業の機械化の促進等について基本的な方針を明らかにし、地域森林計画では林産物の利用の促進のための施設の整備についての推進方向を明らかにするとした。なお、全国計画はそれまで農林水産大臣が定めていたが、森林への国民の要請が高度化・多様化していること、新設された森林施業の合理化に関する事項は農林水産省のみで達成できないことから閣議決定を経るものとした。

第2に、森林整備事業計画を樹立することとした。全国森林計画の森林整備目標の達成に資するため、農林水産大臣が5年ごとに造林・間伐や林道改正など森林整備事業に関する計画を、閣議決定を経て樹立するもので、長期の投資計画としての性格を持つ。

第3に、市町村森林整備計画の内容を拡充することとした。それまでの整備計画は、保育・間伐等を主たる対象としてきたが、流域管理システムの下で流域単位の森林保全や木材生産・流通・加工体制を整えるために、森林施業の共同化の促進や、林業労働者の養成確保、林産物の利用促進のために必

要な施設の整備に関する事項等を新たに定めるとした。また市町村の認可を受けて一団地森林の所有者が全員の合意のもとに施業協定を結び、作業路などの安定的な利用を図ることができるようにした（施業実施協定制度）。

第4に、間伐・保育の適正実施を促進するための仕組みを導入した。都道府県知事が間伐または保育についての調停案の受諾勧告をしても所有者が受諾せず、自治体から間伐・保育のための分収育林契約の締結に関する裁定の申請があった場合には、知事は一定の条件を満たした場合に締結すべき旨の裁定をすることができることとした。

第5に、特定森林施業計画制度の創設である。複層林・長伐期施業を推進することが適当かつ必要な特定施業林を森林計画で定め、その全部・一部に特定森林施業計画を定め、知事が認可することとした。また、これに対して金融・税制上の優遇措置を講じることとした。これは森林の公益的な機能を高めるために多様な森林施業を確保することをめざして設けられた制度である。

第6に、森林整備協定制度の創設である。上下流の自治体の協力によって森林の整備を進めるために、相当規模の森林が存在する自治体が下流自治体に対して協定締結を申し入れることができることとし、協議が整わない場合に農林水産大臣にあっせんを求めることができることとした。

なおこのほかに、第5節でみたように、林地開発許可制度の改正も含まれていた。

森林法の一部を改正する法案は1991年2月26日に衆議院に提出され、農林水産委員会で議論が始まった。本法案と合わせて国有林野事業改善特別措置法の一部改正法案が提出されていたため、議論は国有林の経営改善を巡って活発に行われ、森林法改正に関しては共産党以外の政党は賛成ということもあってあまり議論は行われなかった。共産党の反対の根拠は、本改正は「国有林野事業改善特別措置法の一部改正によって切り捨てられる林野行政の受け皿として行われるもので、国有林野事業合理化の一端を担うもの」という観点からであった。衆参両院とも共産党以外が賛成し、4月26日に本法案が可決成立し公布された。

なお、森林法の一部改正と併せて、1991年5月17日には国有林野事業改

善特別措置法の一部を改正する法律が公布された。この法律のもとで、改善期間・収支均衡目標時点を繰り延べるとともに、流域管理システムのもとで森林の機能類型に応じた管理経営を行うこと、経常事業部門では自主的改善努力の徹底化によって経営の健全化を図ること、直営事業の請負化・要員規模の圧縮を行うこととした。流域管理システムの導入と国有林の経営改善はセットで考えられ、国有林に引き続き経営改善を求めつつ、流域管理システムによってこれを支え、加速化させようとしたとみることができる。

1991年森林法への評価

1991年の森林法改正の評価をめぐっては研究者の間で活発な議論が行われた。

安藤は、1970年代はグリーンプランに代表されるようにストック重視主義への転換が行われたが、戦後造成された膨大な人工林が主伐期に達しつつある中で、「膨大な森林ストックの"フロー"化を図るべく森林計画制度が改正された」とした。その上で、「今回の改正で一挙に計画を実現する手段を計画事項に盛り込んだ点は、これまでの計画制度と決定的に区別される」とし、「森林資源の保続そのものを確保するのが森林計画制度とするこれまでの範囲を越え、流域管理システムで林業振興策を盛り込み、投資計画の樹立によって計画制度と実績との整合性をとろうとした」[58]と指摘した。また、南雲は、「今回の改正された森林計画制度は、従来から実施されたり要望されたりしていた森林整備や国産材振興の諸政策を新設、強化、改善して総合的に取り入れた行政指導のための壮大な森林計画体系であるといえよう」[59]と評価した。餅田も、「従来山側だけで完結していた資源計画が、林業生産、木材利用、森林利用等の計画と関連を有する、いわば『林業計画』ともいうべき、一段と高度化したシステムに昇華させようとしたとみることができる」[60]と評価している。

国有林と民有林の連携に関わって、塩谷は、「わが国が世界市場に深く組み込まれることによって生じた森林・林業の危機は、基本的には、林野の所有・経営形態の区別なく発現したのであり、危機克服の方向は、『林業事業体』による民有林と国有林の一体的管理に求められた」[61]とした。また、坂

口も、林政審議会答申における国有林や経営改善の基本戦略は、「"流域管理システム"のもとで民有林・国有林を通じた流域林業の形成・進行によって、同時に国有林野事業の経営の健全化を図ろうとするもの」[62]と位置付けた。前述のように国有林野事業改善特別措置法と併せて、流域管理システムは国有林経営テコ入れという性格を併せ持っていたのである。

以上みてくると、1991年の森林法の改正は、国有林経営の改善と流域を単位とした林業活性化に向けた「動員」のための改正であり、流域保全・林業活性化・国有林対策まで含めた「一石三鳥」を狙った改革であったと位置付けられる。

もう一つ指摘できるのは、森林整備事業計画の創設によって森林計画制度と補助金がより緊密に結びついたことである。前述のように計画に対する実行結果の乖離が問題となる中で、造林・間伐や林道などの森林整備事業について森林整備事業計画を閣議決定を経て策定することとし、財政的な裏付けを持たせようとした。この結果、「平成4年（1992年）を初年度とする5年間の投資規模は、過去5年間の実績の1.6倍に当たる3兆9千億円が……計上された」[63]のである。このように森林計画は補助金獲得の根拠としての性格が制度的に付与されたのである。

流域管理システムの具体化と懸念

森林法の一部改正を受けて、流域管理システムを推進するための体制整備が図られた。流域（＝森林計画区）ごとに「流域林業活性化協議会」が設置され、施業の推進体制・国産材の安定供給・林業従事者の養成・確保、機械化の推進に向けた協議を開始した。この協議会では流域林業活性化基本方針を策定し、さらに基本方針を具体化するための流域林業活性化実施計画を策定することとし、1997年度末までにすべての流域で実施計画が策定された。これらの取り組みを推進するために林野庁内に流域管理システム推進室を設置し、基本方針を策定している流域に対して各種事業の優先採択を行うとともに、特に優れた協力・推進体制が構築されている流域に対して優先的な措置をとった[64]。

さらに、流域管理システムを進めるために、1996年には「林業改善資金

助成法および林業等振興基金融通暫定措置法」が改正され、「林業労働力確保の促進に関する法律」、「木材安定供給確保に関する法律」が制定された。これらはそれぞれ、経営規模の拡大や受託施業を推進しようとする事業体への資金面での優遇措置の提供、林業労働力支援センターを中心とした林業事業体への労働者委託募集などの支援、森林所有者と木材業者の木材安定供給取引のための共同計画を策定した場合に林地開発許可や森林組合の員外利用の特例を認めるなどを内容としており、木材の安定供給確保に政策的な意図が置かれている[65]。

　流域管理システムの実効性に関しては、多くの論者が懸念を示していた。安藤は、流域管理システムは産地形成ビジョンとしては国産材振興の構想力の具体的検討を欠いていること、国有林の採算性重視体制の改善がないまま民有林・国有林の連携強化を行おうとするという矛盾を抱えていることを問題とし、事業推進体制の強化が課題であると指摘した[66]。南雲や坂口も国有林と民有林の一体的整備を実行しうるかについて疑念を示していた。

　現場の受け止め方も好意的なものではなく、改正直後に愛知県の岡本は、「結論から先に言えば、今回の森林計画制度の変更によって県内林業の方向性は、相対的に見て基本的には何も変わることはないだろう。ただ、国有林が「お上」の立場を大幅に変えれば、いくらかは変わるのではないかと思うが、本県の場合は国有林の比率は高くない……」[67]ときわめて冷徹な評価を下している。

　手束は、森林計画研究会40周年記念座談会で、そもそも「森林計画制度に林業の立て直しを期待するという考え方自体なかなか難しいだろう」とし、「水の流域と木材の流域は自ら違うので、その点で論理的にはズレが出てくる」[68]としている。

　以上のように、森林計画制度の実効性や国産材振興ビジョンの欠如、国有林の体制整備の課題、流域保全と木材流通加工の地理的広がりの齟齬といった観点で、流域管理システムについては当初からその実効性に懸念が持たれていた。

　それでは、その実行状況はどうだったであろうか。

　1996年には木曽谷および宮城北部流域を対象とした流域管理システムの

実行状況に関する研究報告が行われているが、いずれも実質的な成果が全くあがっていないことを指摘している[69]。宮城北部を対象として研究を行った伊藤は、第1に多数の市町村を包含する組織体制を形成することが困難なため、流域単位ではなく県の農林事務所単位で対応せざるを得ないこと、第2に対象地域においては素材業・製材業が産業資本的な展開をしていないため、「地域資源の育成や管理の視点を組み込みえない」ことを指摘した。流域管理システムの目標は外材に対抗しうる国内林業・林産業の生産力水準を形成することにあったが、それは「地域固有の生産力構造の展開に規定されるのであり、当該地域の流域管理システムが構造形成の軸に必ずしも位置づくわけではない」とし、流域管理システムの限界を指摘したのである。川下主導型の新流通・加工システム、さらには新生産システムが展開されるに至って、流域管理システムはその役割を果たせないまま実質的に終了した。森林整備協定の締結など、流域を一体とした森林保全に関してもほとんど行われず、流域管理システムの制度発足を直接的なきっかけとした上下流の連携の取り組みもみられなかった。森林計画制度の実効性確保に大きな問題を抱えている中で、流域レベルの社会・政治的な連携の構築や、流通・加工体制整備など、政策によってコントロールしにくい分野を、計画制度を梃子にして動かそうとする意図は画餅に終わらざるを得なかった。先に見た研究者の森林法改正の積極的な評価は、森林計画制度の実効性を踏まえていない「買いかぶり」だったともいえる。

脚注

1　深見修司（1981）森林施業計画推進上の問題点と改善策、会報257、22〜25頁

2　渡辺定元・松岡進碌（1980）団地協同森林施業計画を実施して、会報211・212、9〜12頁

3　村山弘嘉（1982）森林計画制度について、会報270、16〜18頁。同様の問題指摘を岐阜県の浅野、福岡県の伊藤も行っている（浅野経男（1982）森林計画制度の現状と今後のあり方、会報270、12〜15頁、伊藤美昭（1982）森林計画制度の現状と将来への提案、会報270、18〜21頁）。

4　藤田宏（1979）森林計画制度は今後如何にあるべきか、会報242、2 〜 6 頁

5　込山昌士（1979）森林計画制度は今後いかにあるべきか、会報242、10 〜 14 頁

6　森林計画部会座長　高木唯夫によるまとめ（会報209（1980））。

7　依田和夫（1979）森林計画制度は今後如何にあるべきか—適正森林施業推進のために—、会報242、6 〜 10 頁

8　矢野善隆（1979）森林計画は今後如何にあるべきか、会報242、14 〜 18 頁

9　菊谷光重（1979）森林計画は今後如何にあるべきか—制度と樹立実務を巡っての主要課題を中心として—、会報242、18 〜 22 頁

10　深見修司（1981）森林施業計画推進上の問題点と改善策、会報257、22 〜 25 頁

11　湯本和司（1978）全国森林計画について、会報234、1 〜 5 頁

12　蒲沼満（1978）国土利用計画の策定状況と森林・林業、会報234、14 〜 23 頁

13　星出昭（1976）保安林制度と施業特定林分—その現場と当面する課題—、会報222、12 〜 15 頁。なお特定施業林については同様の問題を前掲矢野が指摘している。

14　梶本孝博（1983）市町村における林業行政の現状と問題点 – 北海道を事例として、林業経済36（10）、1 〜 6 頁

15　林野庁計画課（1976）中核林業振興地域育成特別対策事業について、林野時報23（3）、15 〜 19 頁

16　城知晴（1980）林業振興地域整備計画制度の創設について、会報251、1 〜 9 頁。なおこの記事では計画制度と関連づけたことに関して「森林計画制度の補完」という表現を行っている。

17　手束平三郎ほか（1992）森林計画研究会発足40周年記念座談会、森林計画制度の回顧と展望、会報350・351における野村靖の発言。

18　一定の条件とは、当該市町村にある地域森林計画対象面積が一的規模以上であるか民有林面積のうち人工林面積が一定比率以上であること、当該市町村にある地域森林計画の対象となっている民有林であって一体的・計画的に間伐・保育を推進する必要のあるものが相当規模以上存在していることとした。

19　国会での質疑において、市町村林業行政の実行体制が脆弱であり、これを改

善しないと整備計画は進展しないのではないかという質疑が多くの議員から
行われた。また、森林整備計画について、地域に即した計画とするために協
議会を設置するなどして関係者の意見をきちんと聞いて計画を策定すべき
（1983年3月24日衆議院農林水産委員会田中・竹内議員による質疑など）と
いった指摘があった。共産党からは地域の林業関係者の意向を反映させるた
め、その策定に当たっては、あらかじめ公聴会の開催等により森林所有者な
ど森林整備計画に関して利害関係を有する者の意見を聞くことを義務づける
といった修正案が出されたが、否決されている。今日も問題となっている市
町村の森林行政体制と地域での合意形成に基づく計画策定がこの時点ですで
に問題とされていた。

20 林野庁計画課（1987）林業一口メモ、林野時報34（5）、56頁

21 例えば、鈴木喬（1980）市町村における林業行政、林政総研レポート、前掲
梶本孝博（1983）など。

22 前掲手束平三郎ほか（1983）の座談会における野村靖の発言

23 岡和夫（1983）森林整備計画制度及び分収育林契約制度に期待するもの、林
野時報30（4）、22〜26頁

24 造林間伐対策室（1985）新間伐促進総合対策の実施、林野時報32（3）、6〜
9頁

25 総務庁（1986）森林資源の整備などに関する行政監察、総務庁

26 保安林制度百年史編集委員会（1997）保安林制度百年史、日本治山治水協会、
215頁

27 費用負担による上下流の協力による森林整備については、4月10日に衆議院
及び4月20日に参議院で行われた参考人からの意見聴取の中で大きな話題と
なった。

28 前掲保安林制度百年史編集委員会（1997）225〜226頁

29 林野庁（1985）昭和六十年度主要新規事業及び制度等の改正、林野時報32
（3）、14〜19頁

30 昭和62年度税制改正大綱（1986年12月23日）

31 ここでは原生的森林も含む用語として用いる。

32 日本自然保護協会（2002）自然保護NGO半世紀のあゆみ下、363頁

33 無明社出版編（1989）ブナの森が危ない！　東北各地からの報告、無明社出版、などを参照のこと。

34 前掲日本自然保護協会（2002）160頁

35 松村正治（2010）里山保全の市民参加（木平勇吉編著、みどりの市民参加、J-FIC）51 〜 66頁

36 山本信次編著（2003）森林ボランティア論、J-FICを参照のこと。

37 依光良三（1987）国土開発政策と森林・山村―四全総・リゾート開発を中心として―、林業経済研究112、2 〜 13頁

38 ただし、これは依光や他の論者が指摘するように実体的には東京一極集中を結果した。

39 林野長官通達62林野業二第二七号「森林空間総合整備事業の実施について」

40 大浦由美（1992）国有林野における森林レクリエーション事業の展開、林業経済529、19 〜 32頁

41 この答申においては木材需給見通しの現実との乖離是正、複層林・天然林施業の展開、自然保護を重視した森林施業などの提起も行われた。

42 森林保健機能研究会編（1989）森林保健機能増進法の解説、ぎょうせい

43 30ha程度のまとまりがあるという条件が設定された。

44 1989年11月15日衆議院農林水産委員会における甕林野庁長官の答弁。

45 藤原進（1991）自然環境の破壊、特に「森林の保健機能の増進に関する特別措置法」について、自由と正義42（4）、29頁

46 土屋俊幸（1990）リゾート論の展開と林業経済研究、林業経済500、23 〜 32頁

47 森林保健機能研究会編（1989）森林保健機能増進法の解説、ぎょうせい、185頁

48 林地保全利用研究会（1996）都市近郊林の保全と利用、日本林業調査会、418頁

49 森林保全・利用問題検討会報告書（会報330、7 〜 10頁に所収）

50 平成2年6月11日　2林野治第1868号

51 例えば残地森林には15年生未満の若齢林を含めず、ゴルフ場について残置森林の割合を40％から50％とし、周辺部のほかにホール間におおむね30m以上の森林を配置するなど詳細な規定を設けた。また、土工量についてもスキー場滑走コースは1haあたりおおむね1,000m³以下、ゴルフ場の場合は18ホ

ールあたりおおむね 200 万 m³ 以下などの基準を設けた。

52 前掲保安林制度百年史編集委員会（1997）243 頁

53 森林法改正の主要な内容は流域管理システムに関わる仕組みの導入であったが、これについては後述する。

54 前掲保安林制度百年史編集委員会（1997）356 頁

55 研究会の経営や最終報告及び自治体調査の結果については、前掲林地保全利用研究会（1996）に所収されている。以下の叙述も本書による。

56 肥後賢輔（1996）林地保全の制度的枠組みに関する検討について－林地問題研究会を運営して、会報 373。ここでは検討状況の「生資料」を、今後の検討の参考として紹介している。研究会の事務局を務めていた肥後は、これまでも同様な検討が行われてきたが、その内部資料は埋もれてしまっていることを問題と考え、今後同様な問題が生じたときの参考にするため生の資料を公開したとしている。検討結果がなぜ「農地管理に比肩しうるような制度改革を打ち出すことにはなって」いなかったのかがわかる点で重要な資料となっている。こうした資料の公開は今後の政策形成を進めるうえで極めて重要であり、公開したのは見識というべきであろう。

57 これらの動向については、木平勇吉編（1996）森林環境保全マニュアル、朝倉書店、志賀和人・成田雅美編著（2000）現代日本の森林管理問題、全国森林組合連合会、山本信次編（2003）森林ボランティア論、J-FIC、などを参照のこと。

58 安藤嘉友（1993）「流域管理システム」と国産材産地形成、林業経済 46（4）、1 ～ 8 頁

59 南雲秀次郎（1992）森林法の改正と林政の転換—森林計画制度の改正について—、林業経済 45（1）、2 ～ 8 頁

60 餅田治之（1993）流域管理政策と素材生産業、林業経済 46（4）、18 ～ 24 頁

61 塩谷弘康（1993）国有林野法の歴史的展開（黒木三郎・橋本玲子・山口孝・笠原義人編、新国有林論　森林環境問題を問う、大月書店）62 頁

62 坂口精吾（1992）流域管理システムと国有林の経営改善について、林業経済 45（1）、9 ～ 17 頁

63 藤沢秀夫（2000）資源行政（大日本山林会編、戦後林政史、大日本山林会）

134 頁

64　林野庁計画課（1993）流域管理システムの定着に向けて、林野時報 39（12）、
　　27 ～ 34 頁

65　吉岡祥充（1999）「森林の流域システム」の展開とその政策的意味―90 年代林
　　政の動向に関する覚書―、奈良産業大学産業研究所報 2、103 ～ 119 頁

66　前掲安藤嘉友（1993）

67　岡本譲（1991）森林計画制度の変更と愛知県の林業、森林計画会報 342・343、
　　10 ～ 12 頁

68　前掲手束平三郎ほか座談会（1992）11 頁

69　鳥澤園子・植木達人（1996）木曽谷流域における流域管理システムの現状と課
　　題、林業経済研究 129、129 ～ 134 頁及び伊藤幸男（1996）流域管理システム
　　の検討と地域の林業構造、林業経済研究 129、141 ～ 146 頁

第7章
地方分権下での森林管理政策

第1節　1998年の森林法改正と地方分権一括法

　1998年には「森林法の一部改正法」が成立したほか、1999年に「地方分権の推進を図るための関係法律の整備等に関する法律（地方分権一括法）」による森林法の改正が行われた。これら法改正は資源政策の転換と地方分権改革への対応として行われた。

　本節では、まず森林法改正の背景となった森林資源政策の方針転換と地方分権改革について述べる。その後、森林法の一部改正及び地方分権一括法による森林法の改正内容についてみていくこととしたい。

森林資源計画の転換

　1996年11月に「森林資源に関する基本計画及び重要な林産物の需要並びに供給に関する長期の見通し」が改定された。すでに1987年の改定において従来の拡大造林を主体とした整備方針を転換していたが、本改定では1,000万haに及ぶ人工林を造成してきたことから、造成の段階は終わり、「生態系としての森林という認識のもと多様な森林の整備が必要となって」おり、「森林を健全な状態に育成し、循環させる段階に至った」として、生態系を基礎とした持続的な森林管理を前面に押し出した。森林区分について、これまでは人工林と天然林の二区分であったものを、育成単層林・育成複層林・天然生林の三つに改め、環境に配慮した森林の質的な充実を図ろうとした。森林を生態系として把握し、資源の質的充実を重視することを打ち出したものであり、本改訂を受けて1996年12月に全国森林計画が閣議決定された。

　以上のような資源政策の方針を打ち出す中で、その実現のための政策課題として以下のような点が林野庁において認識されていた[1]。

　第1に、「森林を健全な状態に育成して、循環させる」ためにはまず間伐を行うことが必要であるが、これが大きく遅れている状況にあった。このため、従来から取り組まれていた間伐促進施策をさらに強化する必要があった。第2に、森林の公益的機能の発揮を促進させるためには施業の仕方自体

第7章　地方分権下での森林管理政策

を検討する必要があり、放置されている旧薪炭林についても里山景観および生態系保全の立場から適切な手入れを進める必要があった。第3に、間伐の促進については基礎自治体である市町村の巻き込みが1991年森林法改正時から重視されていたが、公益的機能の発揮や里山保全に関しては、地域に即して多様な関係者の意見を踏まえつつ森林所有者との合意を形成することが求められ、ここでも市町村の役割が重要となった。

地方分権改革

　次に、この時期における森林法改正のもう一つの背景である地方分権改革についてみてみよう。

　1993年6月に、衆参両院で超党派による地方分権推進決議が行われ、同年10月の第3次行革審の最終答申において、規制緩和とともに地方分権を柱として行政改革を進めるべきとの方針が打ち出された。この答申を受けた細川首相は、地方分権推進法案を国会に上程することを公約し、1995年5月に村山内閣において地方分権推進法が制定され、7月にはこの法律をもとに地方分権推進委員会が設置された。地方分権推進委員会は1996年3月に中間報告をとりまとめて、検討の基本的な方向性を打ち出し、同年12月から1998年12月にかけて5次にわたる勧告を行った。委員会では機関委任事務及び国の関与の改革を最優先に検討し、第1次及び第2次答申において具体的な改革の方向性を示した[2]。

　森林に関わる分権に関する勧告は主として第1次勧告において行われている。国と地方の新しい関係の基本として機関委任事務を廃止し、自治事務と法定受託事務とすることとしたうえで、森林行政に関わっては森林計画と保安林に関して以下のような勧告を行った[3]。

＜森林計画＞

①地域森林計画は、全国森林計画に即して、都道府県が樹立することとする（自治事務（仮称））。地域森林計画の樹立に当たっては、都道府県は国と事前協議を行うこととする。この場合、森林の整備目標、伐採、造林、林道及び保安施設に関する事項については、国との合意（または同意）を要することとする。

147

②市町村森林整備計画の樹立は、市町村の自治事務とし、都道府県知事の承認を廃止し、市町村は都道府県と事前協議を行うこととする。

③林地開発許可は、都道府県の自治事務とする。

＜保安林＞

①流域保全保安林（水源かん養保安林、土砂流出防備保安林、土砂崩壊防備保安林）のうち二以上の都府県にわたる流域並びに一都道府県内で完結する流域であっても国土保全上または国民経済上特に重要な流域に係るものの指定・解除は、国の直接執行事務とする。

②上記以外の流域保全保安林の指定・解除は、都道府県に委譲する（法定受託事務（仮称））。

③流域保全保安林以外の保安林の指定・解除は、都道府県の自治事務とする。

④保安施設地区の指定・解除は、従来どおり、国が行い、保安施設地区における行為規制（伐採許可、作業許可等）の事務は、都道府県の法定受託事務とする。

⑤国有保安林の指定・解除は、従来どおり、国が行う。

⑥流域保全保安林及び国有保安林における行為規制（伐採許可、作業許可等）の事務は、都道府県の法定受託事務とし、それ以外の保安林における行為規制の事務は都道府県の自治事務とする。

　以上のように保安林に関わる国の権限を自治体に移譲するとともに、森林計画における機関委任事務を廃止し自治事務へと転換させる方向性を打ち出した。

　一方、市町村における森林行政遂行能力が一般に低位であることが指摘されてきており、状況の改善が強く求められていた。林野庁は、市町村の森林行政能力を高めるために地方財政措置の強化について自治省と議論を行ってきたが、何らかの権限を市町村に与えない限りは不可能であるとの結論に達した。このため、林野庁としては、市町村へ権限移譲をさらに強化して、地方交付税に措置による財政力強化を行い、市町村林務行政能力の強化を図ろうとした[4]。弱体である市町村行政を強化するために、さらに権限移譲を強

化するという、矛盾した対応をとらざるを得なかったのである。

　以上のような森林資源政策の転換と地方分権推進委員会勧告を受けて、さらには市町村への権限移譲を図るため、森林法の改正が行われることとなった。勧告に基づく森林法改正は地方分権一括法で行い、また森林資源政策の方針転換への対応と森林計画に関わる市町村の権限強化については森林法の一部改正をする法律として別個提出された。以下、まず後者の森林法の一部改正からみていきたい。

1998年の森林法改正の主な内容

　森林法の一部改正案は1998年5月に国会に提出された。この法案の主たる内容をみると以下のようであった。

　まず第1に、市町村の役割を強化した。これは、前述のような地方財政措置強化の実現とともに、森林の多面的な機能を発揮させるためには地域づくりの視点から市町村が取り組むことが適当であること、森林施業を適切に推進するためには所有者などの地域合意が必要であり市町村の役割が重要であるとの認識が背景にあった。このため、都道府県に指定された市町村のみが策定していた市町村森林整備計画を、すべての市町村が策定することとした。また、森林整備計画は都道府県知事の認可を必要としていたが、改正によって認可を廃止し、都道府県知事との協議を義務付けた。また、施業勧告、伐採届出受理、伐採計画の変更命令・遵守命令、森林施業計画の認定などの権限を都道府県知事から市町村長に委譲することとした。

　第2に、間伐や公益的機能発揮をめざした森林整備を推進するために森林施業計画制度の変更を行った。間伐を推進するために、森林施業の合理化に関する基準に間伐の実施時期に関する事項を追加した。また、複層林施業や長伐期施業など公益的機能を重視した施業や、旧薪炭林などの広葉樹林の環境整備を進めるため、森林所有者が共同して特定森林施業計画を作成できるようにし、計画の対象森林に天然林を追加した。

　第3に、国民参加の森林整備を促進するための規定を整備し、地域森林計画や市町村森林整備計画について計画案を縦覧に供して一般市民が意見を出せるようにした。

国会における審議は各院に設置された「日本国有鉄道清算事業団の債務処理及び国有林野事業の改革等に関する特別委員会」で行われたが、審議のほとんどは国鉄・国有林問題に集中し、また森林法一部改正案に対して問題とする政党がなかったことから、議論はほとんど行われず、法案は 1998 年 10 月に可決され、1999 年 4 月に施行された。

　なお、本法の成立に合わせて、地方財政措置の拡充があった。「森林・山村対策」に関わる普通交付税の基準財政需要額について、公有林における一般管理経費とされていたものを、「公有林等における間伐等管理経費」として、市町村と森林所有者との間で協定を結んだ私有林における間伐、広葉樹の育成等に要する経費相当分にまで拡充した。また、「国土保全対策」については、山地災害防止のための森林巡視等に要する経費、森林組合等が行う間伐等への助成等国土保全に資する施策を推進するためのソフト事業に要する経費を基準財政需要額に算入した[5]。

　本改正によってすべての市町村が森林整備計画を樹立し、森林整備計画に地域における総合的・基本的な計画の位置付けが与えられた。それまで地域森林計画で規定されていた森林施業に関わる指針[6]について、市町村森林整備計画に移管することによって、市町村森林整備計画を地域の森林の総合的な計画として位置付け、地域森林計画は主として流域単位における森林整備の基本計画に特化することとなった。「各市町村が、それぞれ地域の実態に即した森林整備を進めるうえでの制度的基盤が整備され」、「今後、各市町村が、独自性の高い森林整備を推進することが期待される」[7]というのが政策立案側の意図であった。

地方分権一括法による森林法の改正

　1999 年 7 月 16 日に、「地方分権の推進を図るための関係法律などの整備に関する法律」が可決成立し、この中で森林法の改正も行われた。基本的には前述の地方分権推進委員会の答申に沿った内容であった。

　まず地域森林計画の樹立・変更の事務は都道府県の自治事務とした。ただし、樹立・変更にあたっては農林水産大臣と協議を行うこととし、計画事項のうち森林の整備の目標などについては農林水産大臣の同意を要することと

第7章　地方分権下での森林管理政策

表18　保安林の指定・解除の権限

			改正前の権限事務区分	改正後の権限事務区分
民有林	水源かん養保安林 土砂流出防備保安林 土砂崩壊防備保安林	重要流域	農林水産大臣 (国の直接執行)	農林水産大臣 (国の直接執行)
		重要流域以外		都道府県知事 (法定受託事務)
	それ以外の保安林		都道府県知事 (機関委任事務)	都道府県 (自治事務)
国有林			農林水産大臣 (国の直接執行)	農林水産大臣 (国の直接執行)

した[8]。

　林地開発許可及び監督処分の事務についても都道府県の自治事務とした。

　保安林に関しては、指定・解除の権限の一部見直しなどの改正が行われた。指定・解除の権限をまとめると表18のようになり、都道府県知事へ権限の移譲が行われた。

　ただし、保安林の指定・解除に関して国が関与する仕組みも残され、政令で定める一定面積以上の流域保全のための保安林を都道府県知事が解除する場合には農林水産大臣との同意を要することとした。

　以上の改正を受けて、保安林整備臨時措置法の改正も行われ、農林水産大臣は保安林整備計画を定めるときは関係都道府県知事の意見を聞くこととし、保安林整備計画を実施するときに特に必要があると認められる場合には、都道府県知事に対して保安林の指定または解除に関し必要な指示ができるとした。

第2節　森林・林業基本法の制定と森林法の改正

林政の抜本的改革に向けた検討

　1999年2月1日に「森林・林業基本政策検討室」が林野庁に設置され、林政の抜本的改革に向けた検討が開始された。その背景には、以下のような要因があった[9]。

　第1に、政治・政策的な要請である。1998年には国有林の抜本改革が行

151

われ、公益的機能重視へと転換する中で、林業基本法が国有林を重要な林産物の持続的供給源として位置付けていることが、議員から問題として指摘された。また、食糧・農業・農村基本法の検討が進み、農業の直接支払が予算化される中で、林業についても同様の検討を行うべきとの指摘が行われるようになった。

　第2に、森林・林業を取り巻く大きな変化である。林業の担い手の高齢化が進み、施業や管理の放棄が広範に生じる一方、川下では集成材の伸長など木材の需要構造が変化してきていた。森林の多面的機能に対しても、生物多様性保全や地球温暖化防止など新たな機能が求められるようになり、社会の要請がより高度化・多様化してきた。

　以上のように、林業・林産業の構造変化や農業政策の転換等外部環境の圧力を受けつつ、林野庁が自らの発意で検討を始めた[10]。

　検討の基本方向として「持続可能な森林経営推進の観点から、既存政策の検証と新たな施策の検討」を行うこととし、主要課題として以下の9点を設定した[11]。

　①包括的な森林政策など全体フレームの構築、②林業の活性化、③林業事業体の育成、④ボランティア支援、⑤森林所有者への公的関与、⑥公的セクターによる森林整備、⑦木材産業の将来像と支援方策、再編整備、⑧木質バイオマスエネルギーとしての利用等木材需要の拡大方策、⑨その他森林整備事業のあり方、直接支払い、林業基本法の取り扱いなど。

　このように極めて広範な分野を課題として設定し、抜本的な政策の見直しを進めようとした。検討においては、施業放棄が最も大きな問題として認識されており、「林業はすでに破綻しており、このままいくと施業放棄がどんどん発生してしまうという前提に立って議論が行われ」た[12]。

森林・林業・木材産業基本政策検討会の報告

　検討室での検討と並行して、新たな政策理念及び基本的な課題と検討方向について助言を得るために、林野庁長官の私的諮問機関として「森林・林業・木材産業基本政策検討会」が設置され、1999年7月9日に検討会報告を決定した[13]。本報告で特筆すべきことは、検討の視点として、森林の多様

な機能の発揮を図るにあたっては「生態系としての森林の健全性の維持を基本としつつ、総合的かつ包括的な行政の展開を図る必要がある」と、森林整備の基本を生態系保全に据えていることである。また、森林計画や保安林関係の検討内容について、以下のように提示した。

①生物多様性の保全を含む多様な機能の発揮の観点を踏まえた森林計画制度のあり方。

②経営や施業の受委託による集約化の推進の観点を踏まえつつ、森林計画制度のもとで森林施業の効果的な実施を確保していくための方策。

③市町村の関与のもとに、地域において安定的に管理・経営を担いうる者に、その経営や施業を委ね、適切な整備が行われるようにするための仕組み。

④保安林制度の積極的な活用や特定保安林制度のあり方。

⑤市町村の主体的な役割を重視するとともに、地域住民などの意見を積極的に反映させるための方策。

⑥安定的・効率的な林業経営を行いうる者によって地域の森林の整備が担われるよう森林計画制度において誘導する方策。

　以上の報告をもとに課題の具体的検討が行われ、2000年10月11日には林政審議会が「新たな林政の展開方向」をとりまとめ、農林水産大臣に提出した。その内容は、まず「はじめに」において、林業基本法を速やかに見直し、政策全般を再構築することを求めた。また、政策の目的を木材生産を主体としたものから森林の多様な機能を持続的に発揮できる森林整備をめざすものに転換すること、森林所有者を中心とした林業経営の考えを改め、経営意欲を有する者が所有者からの受託によって森林の管理や経営を担当すること、森林の管理や林業振興の基盤となる山村振興を推進すること等を設定した。具体的な方向性としては、多様な機能の発揮のために最も重視すべき機能に応じて森林をゾーニングし、ゾーンごとにふさわしい施業を行うこと、皆伐新植を主体とする画一的な施業を見直し、多様な施業を導入すること等を提示した。

林政改革大綱・林政改革プログラムの策定

　以上を踏まえて、2000年12月7日に農林水産省は「林政改革大綱・林政

改革プログラム」を策定した。

　大綱においては、「産業政策的視点から林業の振興を図ることが結果として森林の公益的機能の発揮につながるというこれまでの考え方を抜本的に見直し、森林に対する国民の要請に的確にこたえられるよう、森林の多様な機能の持続的な発揮を図ることを目的とした政策へ転換」するとして、それまでの政策スタンスを抜本的に転換することを表明した。そのうえで、森林計画関係の改革について、以下の方針を打ち出した。

①地域の合意の下、重視すべき機能に応じて森林を「水土保全」、「森林と人との共生」、「資源の循環利用」に区分し、区分に応じた適切な森林施業を推進する。また、区分に応じて関連施策の方向性を明確化する。

②森林施業計画作成者に、一定の要件を満たす施業・経営の受託者を追加する。造林関係事業においてもこれらの者を事業主体として追加を検討する。

③以上を推進するために、安定的・効率的に施業・経営ができる林家・森林組合・素材生産業者などを育成し、これらに施業・経営の集約化を図る。

④森林所有者などの森林管理に関わる責務を明確化し、放置すれば公益上の支障を生じるおそれのある伐採跡地の所有者に勧告等を行う措置を強化する。

⑤森林と人が多様で豊かな関係を持てるように、森林と人との共生を重視すべき森林を中心に国民に開かれた森林を整備し、身近な里山の保全・整備・利用の推進などを進める。また、森林整備に対する国民参加を進める。

　これをもとに、新基本法の制定、森林法の改正、施策の具体的見直しが進められた。次に、これらに関する林野庁内の検討状況についてみてみたい。

検討過程における論点

　林野庁内における検討過程については、検討室員であった瀬戸が詳細な記録を残しているほか、新基本法制定過程において断念された「持続的森林経営基本法」について同じく杉中が記録を残している[14]。そこでこれらの記事をもとに本改革に関わる論点について整理したい。

154

まず瀬戸の記録により、検討室における検討経緯についてみてみよう[15]。議論の中心となったのは、公益的機能重視の方針転換をどのように進めるのかという点であり、中でもゾーニング制度の導入が論点の一つとなった。多面的機能の発揮については当初からゾーニングが重要な手段として検討されていたが、公益目的の行為制限は保安林制度が、公益目的の作為については保安林施設事業が措置されていることから、導入の困難さも認識されていた。こうした中で、ゾーニングの手法に関しては「行為制限につながる仕組みについては保安林制度との両立が困難なことから、検討の対象から早期にはずされ」、規制ではなく所有者の適切な施業を誘導することとした。また、「森林・林業・木材産業基本政策検討会」において森林の多様な機能の持続的発揮という理念が明示されたことから、ゾーニングを法定制度とすることについて検討が行われた。しかし、内閣法制局などから疑義が出された。疑義の内容は、ゾーニングに法律的効果があるとするなら私権の制限になる、公益的機能の確保を行うのであれば規制措置である保安林制度に作為義務を導入するなどにより対応すべきである、公益的機能の維持増進に関しては特定森林施業計画制度が措置されておりこの運用で十分対応可能である、森林の機能に着目したゾーニングは保安林制度において既になされている、などであった。この結果、ゾーニングを法律に書き込むことは断念し、森林法で規定されていた「特定森林施業を推進すべき森林」を「機能別森林施業を推進すべき森林」へと変更し、森林計画の特定施業森林に関する事項を機能別森林に関する事項に変更する方針を打ち出した。

　このように、森林の公益的機能の発揮を確保する政策手段の展開にあたっては、保安林との関係が大きな問題となることが改めて浮き彫りになった。保安林制度の改革も検討されたが、早い段階で見送られたようであり[16]、既存の枠組みの中で公益性確保の手段を探らざるを得なかったのである。結局そこでとられた方向は、公益性に配慮した施業を誘導によって実現しようというものであり、そのための手段として森林施業計画が位置付けられた。

　伐採跡地の放棄対策としては、適切な植栽が行われず、土砂の崩壊・流出が発生する恐れがある場合には、勧告などの一定の手続きを経た後に、植栽など必要な施業を行う命令を発出することを法改正に盛り込むことを検討し

た。これについても私有財産保護の観点から問題である、植栽義務を課すべき森林は保安林に指定されているはずといった疑義が出され、最終的には伐採届出にあたって更新の計画も合わせて届出をさせ、適切な更新方法が確保されているかを判断し、更新計画を遵守していない場合は遵守命令を出せることとした。

　このほか、公益的機能の発揮を基本とすることは施業の多様化を進めることとなるが、その場合、木材の量的生産の拡大に最適な年齢基準として標準伐期齢を定めることはなじまないことが問題として浮かび上がった。このため、市町村森林整備計画の計画事項から標準伐期齢の設定を削除し、伐採可能な立木の林齢の下限を定めることが検討された。しかし、標準伐期齢が保安林の指定施業要件において主伐時期の下限として用いられていること、自然公園などの伐採規制にも標準伐期齢が利用されているなどの疑義が出され、法改正は行わず、森林施業計画の認定基準の伐採林齢下限として用いることとした。

　このように、私的所有権保護と、複雑に組み上げられた政策体系の中で、改革は限界に突き当たったのである。

持続的森林経営法の挫折

　本改革において大きな焦点となったのは、林業基本法の改正である。法改正の検討過程の中で、公益的機能に軸足を置いた「持続的森林経営法」が構想されたが、結局成案にすることができなかった。これについて、杉中が記録を残している[17]。

　前述のように、本改革においては木材生産中心の森林政策を森林の多面的機能の発揮へと抜本的に転換することを基本的な方針としており、これに沿って林業基本法改正の作業が進められた。2000年秋の段階で、森林の多面的機能発揮とともに、林業の効率化を図りつつその振興を図るという考えを基本に「森林・林業基本法」の案を作成し、内閣法制局に持ち込んだが、森林と林業の整理が不適当との指摘を受けた。「森林の多面的機能の発揮が目的であり、林業はそのための手段に過ぎない。しかも、林業基本法成立時とは異なり林業を通じた一律的な森林管理は困難であるというのであれば、林

業と森林は並び立つ柱にはなり得ない」という指摘であった。

このため、改めて検討して作成した案が「持続的森林経営法」であった。法案の細部までは詰められなかったとされているが、基本的な構成は次のようになっていた。まず法律の目的は、「森林の多面的な機能が国民経済及び国民の生活に重要であることにかんがみ、持続的な森林経営を確立すること」と位置付けた。また、林業との関係については、「林業はあくまで持続可能な森林経営という政策目的の手段として位置づけ、むしろ林業だけでは政策目標を達成できないという現状を認識し、持続的に森林を管理するために新たな政策手法も導入していくこととした」。そして、新たな手法として、林業という経済的手法による森林管理のほか、地域社会による森林管理、国民全体による森林管理等を組み入れた。

この法案は、内閣法制局の法案登録説明もクリアしたが、国会提出までの２週間の間で内容が大きく変化して、最終的には林業基本法の一部改正—森林・林業基本法として国会に提出された。

この要因として、杉中は、持続的森林経営法では林業軽視と受け取られ、国会対策上問題があること、また、持続可能な森林経営という言葉が定着していないことを挙げている。

後藤は、財務省から「公的管理を実施する際の財政負担について厳しく指摘され、林野庁は林業の振興というが、どれだけまじめにこれまでやってきたのかと追及され……最後にもう一度林業できちんとやってみろという話になった」とし、そのために「まず森林の整備・保全があり、そのための林業の健全な発展があり」という組み立てにせざるを得なかったと述べている[18]。

こうして林業行為によって公益的機能を支えるという論理構成をもって森林・林業基本法が成立したのである。後藤の述べた経緯があり、「あくまでも林業を通じた森林管理が本筋であり、公的関与やNPOなどによる森林管理などは例外という説明にならざるを得なかった」[19]のである。

市民からの政策提言

以上のような基本法改革の議論が行われている時期に、森林ボランティアからの政策提言もあったので、ここで触れておきたい。

森林ボランティア活動は1980年代から始まり、急速に広まっていった。こうした中で、1995年には森林ボランティア組織のネットワーク団体として「森林づくりフォーラム」が結成された。森林づくりフォーラムでは、ボランティア活動に関わる保険制度の導入や技術向上の研修、森づくりに関わる人々の全国交流集会などに取り組んだほか、政策提言活動にも力を入れた。森林ボランティア活動を行う中で、森林の状況やそれを取り巻く社会、活動対象とする森林が存在する農山村の状況についての問題を実感し、これからの森林や政策のあり方は開かれた議論の中で形成されるべきと考え、取り組んだものであった。提言は1997年の第1次提言から2000年の第3次提言まで3回にわたって作成され、書籍としてもまとめられている[20]。

　ここでは、林業基本法改正を意識して作成された第3次提言についてその内容をみよう。まず基本的な考え方として、第1に森林を公共空間としてとらえること、第2にこの公共空間をめぐる社会関係を市民も含めて森林コミュニティとして再構築すること、第3に森林管理は地域が主体となって行う地方主権の仕組を構築すること、第4に市民が力量をつけつつ政策形成過程に参加し共同で森林管理を構築していくことを据えた。

　具体的な政策提言について、森林管理に関わる事項を中心に見ていくと、まず林業基本法に代わって、「森とともに暮らす社会をつくろうと考えるさまざまな分野の人々の知識、知恵、行動を結集し……『森林・林業・山村・流域基本法』を制定すべき」であるとした。また、森林づくりに関しては「必要最低限の森林の整備・管理のあり方＝『フォレスト・ミニマム』を設定」し、これを基本として地域からの積み上げ方式の森林計画制度に転換すべきであるとした。そして地域が主体となった森林管理を行うために、多様な主体の参加のもとに流域ごとに流域森林委員会、市町村ごとに森林委員会を設置することを提案した。さらに、管理放棄森林の第三者への管理権委譲、森林保全経費の直接支払制、生物多様性保全の仕組みなどの導入を訴えた。

　市民が主体となって森林政策の提言を行ったことは重要であり、森林と人間社会の新たな関係性の構築をめざす「思想」をもとに、多様な主体の協働による森林管理を構築することを構想し、林政の新たなパラダイムを開こう

とするものであった。ただし、林業基本法改正に関わる改革にはこの提言は
ほとんど反映されなかった[21]。

森林・林業基本法と改正森林法の内容

　林業基本法の一部改正及び森林法の一部改正案は 2001 年 5 月 31 日に国会
に付され、7 月 11 日に可決成立した。その内容について、以下にみていこう。

　まず森林・林業基本法（改正によって林業基本法から改題）は、第 2 条で
森林の有する多面的機能が持続的に発揮されることが国民経済・生活の安定
に欠くことができないことから、将来にわたってその適正な整備及び保全が
図られなければならないとした。

　第 3 条では「林業については、森林の有する多面的機能の発揮に重要な役
割を果たしていることにかんがみ、林業の担い手が確保されるとともに、そ
の生産性の向上が促進され、望ましい林業構造が確立されることにより、そ
の持続的かつ健全な発展が図られなければならない」とした。このように多
面的機能発揮と林業振興を二本立てにしたうえで、林業を多面的機能発揮の
手段として位置付けたのである。先にみた持続的森林経営法と比較して、予
定調和論的な性格が強く表れている。

　第 4 条から 9 条までは国・地方自治体など各主体の責務を規定している
が、その中で所有者の責務として、「森林の有する多面的機能が確保される
ことを旨として、その森林の整備及び保全が図られるように努めなければな
らない」として多面的機能発揮への配慮を求めた。

　このほか、森林・林業基本計画を策定することとし、森林・林業施策の基
本方針のほか、多面的機能の発揮に関する目標を定めることとした。

　森林・林業基本法改正を受けて、森林法についても、多面的機能の発揮、
林業生産活動の活性化をめざして改正が行われた。以下、主たる内容につい
てみてみよう。

　第 1 は、重視すべき森林の機能に応じたゾーニング[22] である。多面的機
能の発揮は、以下のようにゾーニングによる誘導によって行うこととした。
具体的には、公益的機能の維持増進を特に図る森林施業を推進すべき森林を
公益的機能別施業森林として、木材生産を主眼においた森林と区分して整備

することとし、森林計画制度の中に以下のように組み込むこととした

①全国森林計画の中に「公益的機能別森林の整備に関する事項」を定める。

②公益的機能別森林施業を、「水源涵養機能等維持増進森林（水土保全林）」と「環境保全機能維持増進森林（森林と人の共生林）」に区分し、それ以外の木材生産の機能増進を特に図る森林（資源の循環利用林）とあわせて3区分とする。

③民有林の公益的機能別施業森林の具体的な整備の方向を明らかにするために、当該森林の区域を公益的機能別施業森林区域とし、区域設定の基準や整備の方向性について地域森林計画で定める。

④民有林における公益的機能別施業森林の具体的な区域の設定と、その他個別の森林に着目した整備の方法を市町村森林整備計画で定める。

　第2は、森林施業計画制度の改正で、上記の機能区分を受けて、特定森林施業計画と一般の森林施業計画を統合し、森林施業計画認定基準も機能ごとに行うこととした。これまで計画は森林所有者が策定するとしていたものを[23]、長期施業受託制度を取り入れ、所有者から施業委託などを受けて森林所有者に代わって森林経営を行うものも計画主体として認めた。また、小規模分散所有の下では効率的な経営を行うことが困難であり、多面的機能の発揮が確保できない恐れがあるため、30ha以上のまとまりをもつことを認定の基準とし[24]、集約的な施業を推進する制度を整えた。

　第3は、伐採の届出制度の改善で、伐採跡地の造林放棄が多発している状況に対応するため、伐採の届出に合わせて、伐採後の造林（天然更新を含む）の方法・期間・樹種などに関する計画を届出させることとした。市町村長は造林の計画について、必要な場合は変更、あるいは計画に従って造林をすべき旨を命じることができるとした。

　なお、森林法の一部改正と合わせて保安林の指定施業要件に関わる見直しも行われた。施業要件の基準は1962年に定められたまま変更されていなかったが、森林施業のあり方がコスト削減のために大きく変化していることから見直すこととしたものである。具体的には、択伐率について、従来の30%の択伐率では複層林の植栽木に十分な照度が確保できない場合には40%を上限とするなど、間伐率の上限を緩和した。また、植栽方法につい

ても造林技術の改良などによって植栽本数を削減できることから、3,000本を上限に成長量を勘案して算出された本数とした。

国会審議の状況

　林業基本法の一部改正及び森林法の一部改正案には各党とも基本的には支持に回ったため、法案自体に関わっての深い議論はなかった。議論の多くは林業の産業としての立て直しや、森林所有者や山村地域をどう支援していくのかに集中し、本改正の焦点である公益的機能の発揮に関わってはほとんど議論が行われなかった。ただし、林業と多面的機能の発揮の関係や、林業基本法一部改正の意味をめぐっていくつか議論が行われた。

　林業と多面的機能発揮の関係については、「林業は本当にこの多面的機能を圧迫する要因にならないのかどうか……林業生産というのはすべて多面的機能になるのかどうか」[25]との質疑が行われた。これに対して、林野庁長官の中須は「私どもは、林業生産活動ということを通じて森林の多面的機能が持続的に発揮される、……それはやはり意図的に努力をしてつくるのであって、林業生産活動をただやれば、自動的に多面的機能が持続的に発揮されるということではない」と答弁を行っている。また、新法ではなくなぜ林業基本法の一部改正という形で進めるのかという質疑に対して、長官から「林業の健全な発展というか、そういう部分については一つの主要な課題として引き続き掲げられるということ」などから、「新法の制定ではなく一部改正方式というものをとった」[26]といった答弁がなされた。

　こうした答弁からは、従来の林業ではなく公益性に配慮した林業という留保を置きつつも、従来の法体系の基本を受け継ぎつつ予定調和論的な論理展開で公益性と林業との関係をとらえていることがわかる。

　本法案については、自給率目標などの明記を求めた共産党の修正案が否決され、第2条に森林整備を行うに当たっては山村振興が必要であるといった山村地域支援に関わる項を挿入するなどの自由民主党、民主党・無所属クラブ、公明党、自由党、社会民主党・市民連合及び21世紀クラブの六派共同提案による修正案が可決され、全会一致で可決された。

161

改革に伴う直接支払制度の創設

　林政改革大綱において、「森林の多面的機能の発揮を図る観点から、森林整備のための地域による取り組みを推進するための措置を検討する」としたことを踏まえ、森林・林業基本法の第12条2項において「国は、森林所有者などによる計画的かつ一体的な森林の施業の実施が特に重要であることにかんがみ、その実施に不可欠な森林の現況の調査その他の地域における活動を確保するための支援を行うものとする」と規定した。これを受けて、2002年4月に創設されたのが「森林整備地域活動支援交付金」（以下「支援交付金」と略す）制度である。

　具体的には、森林所有者などによる適切な施業の実施を促進するために、立木の生育状況など森林の現況調査、施業実施区域の明確化、施業箇所までのアクセスに利用する作業道の補修などの地域活動を支援することとした。交付対象となる森林は新たな森林計画制度のもとで認定を受けた森林施業計画の対象森林で30ha以上のまとまりをもったものとした。交付する金額は積算基礎森林の面積に応じてhaあたり1万円を毎年交付するとし、積算基礎森林の基準を、7齢級以下の人工林、水土保全または森林と人の共生林にゾーニングされた8・9齢級以下の人工林[27]、12齢級以下の育成天然林とした。

　それまでの補助金とは異なり、直接支払的な制度設計となっており、森林政策に初めて本格的な直接支払制度が導入された[28]。また、森林施業計画認定を条件として、森林施業計画への参加促進を図るとともに、森林施業計画によって支払いの有効活用を担保しようとした。直接支払制度も森林計画制度との密接な関係の中でつくられたのである。

森林・林業基本法への評価

　森林・林業基本法を基本に据えた新たな法体系・林政体系の評価についてみてみたい。

　2003年3月の林業経済学会春季大会シンポジウムでは、「森林・林業基本法の総合的検討」がテーマとして設定されたが、すべての報告者から新基本法について批判的な見解が示された。このうち論点が最も集中したのは新基

本法の公益機能重視の方針のあいまいさであった。北尾は、本改正で持続可能な森林管理が前面に押し出されつつも、「森林の公益的機能に着目した環境政策に徹することもできなかった」と述べ、「環境政策と古い林業政策の二本柱をして並立・併存させる結果に終わった」[29] とした。また、泉は、林政審議会報告が「森林の整備を林業生産活動という経済行為を通じて進めていくことは……最も効率的である」と述べていることに対して、林業における予定調和論そのものではないかとして批判し、林政の大転換をアピールしつつ実質的に林業振興という従来の枠組みを堅持するという論理が働いていると指摘した[30]。

本基本法については、林業の切り捨てではないか、政策的な林業の位置付けが低下するのではないかといった懸念を示す論調もあったが、前述した法案作成までの過程や、その後の政策展開をみる限り、林業活動支援は依然として政策の中核に位置づいており、北尾や泉の評価は正鵠を得た指摘だったといえよう。

大規模森林所有者である速水は、新基本法において森林所有者は多面的機能が確保されることを旨として森林の整備保全を図るよう努めなければならないとして、所有者の責務が定められたことに注目した。そのうえで、意識的に環境配慮を行う林業経営によって森林の多面的機能は発揮しうるとの立場から、従来の林業の振興を図れば公益的機能が発揮されるという予定調和から、森林の多面的機能を発揮するための林業へと位置付けが変化したことを評価した。人口密度が高く人手の入った森林がほとんどである日本でのゾーニングの適合性に疑問を呈し、むしろ最低限守るべき森林環境ガイドラインを設定する方が望ましいと主張した[31]。速水は新法の「一歩前進」を評価した。しかし、所有者の多くが責務を果たす意欲を欠如しており、補助金などの政策展開に公益的機能に配慮した施業実施確保を埋め込む方策がとられなかったため、速水の期待を実現するのは困難だったといえよう。

森づくりフォーラムの松下は、市民による政策提言を中心的に担ってきた立場から、本改革では市民参加はほとんど進んでいないと評価した。その理由としては、第1に地方公共団体への権限の付与など団体自治は前進したが、政策過程への市民参加など住民自治に関する規定はなくこれまでと変化

していないこと、第2に新法では国民の自発的な活動促進がうたわれている
が、普及啓発の枠内でとらえられ、政策過程への参加という観点が欠如して
いること等をあげた。また、制度的な分権化は進んだものの、財源の移譲は
進んでおらず、補助事業で森林・林業行政の大半を行っている状況では地方
分権は実質的に意味をなさない、との指摘も行っている[32]。

　以上のように、森林・林業基本法は現代的要請に応えようとして改正され
たが、森林の多面的機能の発揮と林業の関係性における予定調和が維持さ
れ、市民の巻き込みが不十分であるなど、林政体系の抜本的な改革にはなり
えなかったといえる。

　森林・林業基本法以降の政策体系も基本的には大きくは変化していない。
森林のゾーニングが導入されたものの、その政策手段としては計画制度、と
りわけ森林施業計画の実行性を期待しており、計画制度の基本的内容も変化
していない。保安林などの制度政策の抜本的見直しも早い段階で断念され
た。たとえ持続的森林経営法が成立していたとしても、林政の流れは基本的
には変化しなかったといえる。

第3節　新たな森林計画制度の実行と課題

森林のゾーニング

　2001年10月26日に森林・林業基本計画及び全国森林計画が閣議決定さ
れたが、これら計画における森林のゾーニングに関わる記載についてここで
まとめておこう。まず、森林・林業基本計画に「森林の有する多面的機能の
発揮並びに林産物の供給および利用に関する目標」が設定され、多面的機能
発揮の目標を「水土保全林」と「森と人の共生林」ごとに示したほか、資源
の循環利用林も含めた三つの区分ごとに望ましい森林の姿を示した。また、
整備対象面積を水土保全林1,300万ha、共生林550万ha、循環林660万ha
と設定した。

　さらに全国森林計画では「公益的機能別施業森林の整備に関する事項」に
おいて、それぞれの区分ごとに施業の方法について示したほか、更新の確保

や自然環境の保全などに特に配慮を必要とする森林について伐採や造林の方法に関する方針を示した。また、各地域森林計画において、公益的機能別施業森林として区分する方針、区分された森林における施業の指針を設定した。これに即して、市町村森林整備計画において区分の実施と施業の方針の提示が行われることとなった。

　森林法施行規則では森林施業計画の認定基準が示されたが、水土保全林の認定基準は標準伐期齢に10年を加えた林齢まで主伐できないこと、1箇所あたりの伐採面積は20haを越さないことなど通常の施業に大きな支障があるような制限は課されていない。一方、森と人の共生林については、基本的に主伐は択伐で、択伐率が10分の3を超えないこととされ、厳しい制限がかけられた。以上の基準は市町村森林整備計画の施業指針にも反映することとした。

　2007年時点での3区分ごとの面積を見ると、表19のようであった。水土保全林が全体の約7割という高い比率を占めたが、この要因として第1に基本計画において水土保全林について高い目標が掲げられていたこと、第2に補助金についても水土保全林に対して潤沢な予算が配分されたこと[33]、第3に施業に関して厳しい規制がかけられていないことがあげられる。森林と人との共生林については、規制が厳しいこともあって、目標とした面積を下回り、指定された森林の多くは公的な所有のもとにある森林であった。

　以上のように、分権化体制のもと市町村が自主的にゾーニングを行うといっても、ゾーニングの内容や施業の方向性は国レベルで決定され、補助金の配分額によってゾーニングが誘導されていた。基本法改正に伴う改革の評価に関わって、松下が補助金制度によって分権が骨抜きにされることを懸念したが、新しい計画制度の中核をなす森林のゾーニングでこうした問題が生じたのである。

表19　重視すべき機能に応じた森林の3区分面積（2007年3月31日現在）

単位：万ha、%

	水土保全林	森林と人との共生林	資源の循環利用林
面積	1,751	312	427
比率	70	13	17

市町村森林整備計画の課題

　以上のような改革は現場からはどのように評価されたのであろうか。ま
ず、市町村森林整備計画の策定については、市町村の森林行政体制が一般的
に脆弱な中で、市町村、また指導する立場となった都道府県ともに大きな困
難を抱えた。

　1999年に改正森林法が施行された段階で、岩手県の担当者は市町村への
説明会を行ったが、市町村担当職員からは、専門職員がいないので不安、伐
採届出制を所有者にどう周知させるのかといった懸念が示されたほか、市町
村職員増の要望、市町村職員への研修の要望が出された。また、間伐の実施
に関して計画内容に収量比数を取り入れたことを例にして、「市町村の担当
者始め森林所有者などは容易に理解されがたいのではないかと思われる」[34]
という懸念を示した。

　改革後に市町村の森林整備計画策定・一斉変更がほぼ終了した時点におけ
る岐阜県の状況は、以下のようであった[35]。「地域森林計画の編成業務を行
う上で常に頭を悩ますのは、全国森林計画との整合性、すなわち、全国森林
計画から割り振られる数値の取り扱い」であり、県独自の計画との整合性も
問題であると述べ、集権的な計画の仕組みが依然として問題であることが指
摘されている。また、森林のゾーニングに関しては、市町村にはデータが乏
しいため、県で市町村ごとの案を示し、市町村ごとに検討して区域を設定す
るよう指導したが、結果として73％が水土保全にゾーニングされた。この
要因として、市町村が他市町村との差を明確に出したくないという横並び意
識、今後の施策が公益的機能の発揮を目的としたものが多いとの予測が働い
たとし、「悪く解釈すれば、市町村において森林区分に対する明確な位置づ
けや森林整備方針が打ち出されず、水土保全へ傾斜している今後の補助事業
を有利に運用するための森林の区分を導いたものと思われ」るとした。ま
た、森林施業計画は認定されないと補助金受給などに支障があるのでとりあ
えず機械的に作成したとし、それゆえ計画の遵守は困難であろうと述べてい
る。

　北海道においても状態は同様で、市町村の森林行政執行体制が脆弱である
中で、市町村は道庁が策定したマニュアルに従って機械的にゾーニングを行

い、整備計画書の内容も道庁が作成した「記載例」をそのまま数値を変えて策定するケースがほとんどであった。森林所有者も所有山林が何にゾーニングされているのかを認識していないケースが多く、林業活動が活発な下川町で行った森林所有者アンケートにおいても、認識していない所有者が半分以上に上った[36]。

市町村職員の森林行政能力の限界は、森林施業計画の審査認定業務についても現れており、権限が市町村に移されても実務能力・専門知識が欠如しているため、市町村独力では計画策定・運用が進まない問題が生じていた。

森林施業計画制度の課題

森林施業計画についても、改革によってさらに制度が複雑化するなど、現場にとって使いにくくなったことへの不満が出された。2004年6月には、大規模所有者を中心に組織されている日本林業経営者協会が林野庁森林整備部長に対して「『森林施業計画制度』に対する要望」を提出した[37]。この要望書では、3機能区分ごとに計画認定を受ける必要があること、団地的なまとまりを持つ森林を認定対象としたことで一体的な森林経営が困難となったことを基本的な問題として指摘した。また、5年間にわたって年度ごとに施業地の地番まで指定して計画策定することが現実にそぐわず、変更事務に多大な労力を費やしていること等に対応を求めた。

こうした現場からの要求もあり、2005年には「森林施業計画の運用に関する検討会」が設置されたが、その中間とりまとめの冒頭では、3区分ごとに機能の発揮を図るために森林施業を実施していくことや、施業を継続できなくなった森林所有者などから森林組合等へ経営・施業の委託を促進する仕組みが理解・活用されているとは言い難い状況であると書かざるを得なかった。改革の目標とした二つの最重要の課題の達成が難しい状況に陥っているという認識が示されたのである。

もう一点指摘しておかなければならないのは、それぞれの森林の区分ごとに機能発揮のためにめざすべき森林の姿や、施業にあたっての配慮が全国森林計画等に示されたが、抽象的な規定にとどまっていたことである。多面な機能の発揮や現況の配慮といっても、現場での施業に落とし込む詳細なガイ

ドラインは作成されず、補助制度に関しても環境配慮を行った場合に優遇措置を講じるといった誘導は行われなかった。こうした点で、共生林を除いた一般的な林業対象となる森林に関して、ゾーニングは「概念」にとどまり、現場の施業レベルまで落とし込まれなかったといえる。

　一方、支援交付金制度の発足によって、ゾーニングを生かした森林の整備が進んだ事例も報告されている。埼玉県入間市では、相続税負担の問題から平地林が消失していく問題を抱えていたが、平地林を共生林として森林施業計画を作成することによって、相続税低減を受けて平地林開発を回避するとともに、交付金によって道の整備を行い、森林ボランティアを受け入れるなどして適切な管理・有効利用を行った[38]。ただ、森林施業計画・森林支援交付金制度の活用のほとんどは、森林組合による施業の集約化や長期施業受託、所有者による林業経営活動の展開など林業経営の活性化に向けられており、入間市のような事例は限定されていた[39]。

第4節　治山治水臨時措置法と保安林整備臨時措置法の廃止

廃止に至った経緯

　2000 年代には保安林に関わって、治山治水緊急措置法及び保安林整備臨時措置法の廃止という法制度の大きな変化があった。

　まず、治山治水緊急措置法の廃止からみてみよう。2000 年代に入って国の財政悪化が問題となり、公債発行によって拡大してきた公共投資に対する批判が高まった。こうした中で、政府は社会資本整備のあり方を再検討することを迫られ、2003 年には社会資本整備重点計画法を制定し、縦割りで行われてきた公共投資のあり方を見直し、効率的な公共投資を重点的に進めることとした。この法律に基づき、従来縦割りで作成されていた国土交通省所管の公共投資の計画を社会資本整重点計画として統一的に作成し、治山治水緊急措置法の下で計画が立てられていた治水事業もこの一環として計画することとなった。このため、治山治水緊急措置法は、2003 年 3 月 31 日付で治山緊急措置法に改正された。また、林野公共事業の計画は、森林整備事業計

画・治山事業計画ともに事業量を中心に組み立てられていたが、公共事業改革の流れの中で計画策定を成果目標へと変更することとされた[40]。以上を受けて、森林整備と治山事業を合わせて効率的に実施することとし、2003年5月30日に森林法の一部を改正する法律が公布された。

この法律では、第1に全国森林計画の計画事項に「森林の保全の目標」を位置付けるとともに、森林整備事業計画に治山事業計画を統合して「森林整備保全事業計画」とすることとした。これにより、治山緊急措置法は廃止することとした。同法では保安林の伐採許可の特例も設けられ、高齢級人工林の機能維持向上を図るため重要な複層林施業を行う上で必要な択伐について、許可制であったものを届出制として複層林整備を図ることとした。

保安林整備臨時措置法の廃止

次に、保安林整備臨時措置法であるが、2004年3月に効力を失うこととなっていたため、2003年7月に「保安林整備等のあり方に関する検討会」が設置され、同年12月に報告書がまとめられた。その中で、第1に、保安林の指定面積は臨時措置法制定当初の約4倍、森林面積の約4割にまで達しており、これまでのような臨時措置法の下で保安林整備計画を樹立して保安林指定を行っていく必要性は喪失したと指摘した。第2には特定保安林については間伐などの適正な管理が行われていない保安林がまだ相当量あると見込まれることから、今後もこの制度は必要であり、「森林法の中で行為規制とあわせて特定保安林制度を恒久的措置として講じていくことが必要」とした。第3には特定保安林の区域内の森林で施業を早急に行う必要のある要整備森林について、森林施業に関わる保安施設事業のうちで土地の利用を妨げないものを実施する必要がある場合には、保安施設地区の指定なしで実施するようにすることが適当であるとした[41]。

以上を受けて、保安林整備臨時措置法の延長は行わず、特定保安林に関する規定は森林法に受け継ぐこととし、2004年3月31日に森林法の一部改正が行われた。この改正によって、特定保安林に関する規定が保安林整備臨時措置法から森林法に移されるとともに、都道府県知事の勧告によっても施業が行われないときは、森林所有者などに受忍義務のある森林整備に関わる保

安施設事業を行うことができるとし、特定保安林制度は恒久化された。

　なお、2004年の森林法の一部改正では保安林制度以外にも制度の変更があった。第1は、間伐が必要な森林に対して市町村長が施業勧告を行える要間伐森林制度の変更である。森林吸収源対策として間伐推進が重要となっていたが、間伐が十分進んでいない状況を踏まえて、要間伐森林制度について、森林所有者などが施業の勧告に応じない場合に、権利移転のほか施業委託についても協議すべき旨を勧告できるようにするなどした。第2は、施業実施協定制度の拡充である。森林ボランティア団体が急増しその活動も活発になる中で、森林ボランティア活動を行っているNPO法人等と森林所有者等が締結する施業の実施に関する協定について市町村長が認可する制度を創設した。第3は、林業改良普及指導体制の見直しである。それまでは現場において森林・林業に関する技術・地域の普及を行う林業改良指導員と、調査研究を行いつつ林業改良指導員を指導する林業専門技術員が存在したが、この役割分担が十分機能していないとの認識があった。このため、両者の資格を林業普及指導員に一元化した。

第5節　自治体林政の新たな動き

　地方分権化の動きの中で、地方自治体、特に都道府県において森林行政に関わる新たな展開が生まれた。その多くは森林管理政策に関わっているので、ここで簡単にまとめておきたい。

独自条例や構想の策定

　2000年前後の都道府県森林行政における特徴は、森林に関わる条例や、森林・林業の総合的な構想・計画の策定に取り組んだことである。例えば、北海道は2000年1月に森林づくりの基本理念を示した「北の森ビジョン」を策定し、さらに2002年には全国に先駆けて「北海道森林づくり条例」を制定し、道・森林所有者・道民・事業者等の責務を規定するとともに、基本的政策方針として森林の整備の推進・保全、林業の健全な発展、木材産業の

発展、道民の理解や学習の推進、道民の意見の把握などを規定し、知事は森林づくりに関わる基本的な計画を策定することとした。北海道に続いて他の府県でも構想づくりや条例づくりが取り組まれ、滋賀県・長野県（2004年）、京都府・三重県・静岡県・宮崎県・宮崎県（2005年）、岐阜県・富山県（2006年）において森林・林業単独での条例制定が行われた[42]。これら条例は知事が基本計画の策定を行うことを規定したほか、施策の基本方向を示し、道府県民の森林づくりへの参加などをうたっており、道府県森林行政の基本を据えるものであった。

　一方、都道府県による独自の具体的な政策展開は、財政的な問題もあって限定的であり、既存の国の補助金制度に対する上乗せや、森林教育・木育などソフト面の取り組みが主体であった。こうした中、三重県では、2001年に三重県型森林ゾーニングの制度を導入し、人工林を生産林と混交林に誘導する環境林に区分し、後者に対して一定期間の皆伐を禁止する条件で森林整備の事業を行うなど、ゾーニングに基づく独自の政策展開を行う取り組みも見られた[43]。

　このほか、神奈川県は1999年に丹沢大山保全計画を策定し、シカ対策やブナ立ち枯れ対策など自然環境保全の取り組みを展開し、2006年には自然再生の考えを取り入れた「丹沢大山自然再生計画」を策定し、実行に移している。丹沢・大山は都市に近接するまとまりのある自然で、レクリエーション利用も多く、保全に対する市民の関心が高く、神奈川県が財政的に豊かであるといった条件の中で取り組まれてきたプロジェクトといえよう。

森林環境税の導入

　都道府県におけるもう一つの大きな取り組みは、独自の税制の導入である。2000年の地方分権一括法による地方税制度の見直しとして、法定外普通税の許可制度の見直しと法定外目的税の創設があり、自治体独自の税導入の道を開いた。2003年には高知県が初めて森林環境税を導入し、間伐遅れの森林の整備や県民への普及・参加を進めることとした。これ以降全国各地で同様の税が導入され、2016年までに37府県において導入されている。

　森林環境税の取り組みの特徴は、第1に、県民に税という形で広く負担を

171

求めることから、制度の形成・導入やその運営に関わって県民参加の仕組み
を確保している場合が多く、県も事業実行にあたって説明責任を果たすこと
を強く意識している点である。第2には、独自税制の導入によって、県独自
の財源を確保できることであり、国の政策の枠組みに縛られない政策展開が
可能となった。神奈川県では広範な県民参加の議論によって水源環境税とし
て導入され、森林地域の自然再生等を順応型管理の手法を取り入れて実行し
ており、県民会議が事業の評価や改善のための提案などを行っている。た
だ、多くの県では、間伐推進など既存の政策の補強として用いられている場
合が多い[44]。

　このように森林環境税の導入によって、県民参加や事業の新たな展開が進
み、県職員にも事業の透明性確保や政策の開発といった意識が醸成されたの
である。

脚注

1　藤江達之 (1999)　森林法の一部を改正する法律について、しんりんほぜん 34,
　　4～8頁

2　西尾勝（2007）地方分権改革、東大出版会、281 頁

3　地方分権推進委員会　1996 年 2 月 21 日　地方分権推進委員会第 1 次勧告―分
　　権型社会の創造―

4　梶谷辰哉（下記コメント時森林整備部長）はこの経緯について以下のように
　　述べている。「市町村の財政を少し強化できないかについて、総務省、当時は
　　自治省ですが、といろいろやりあった経過があります。その際に、何か権限
　　を市町村に与えなければ、地方財政措置の強化はこれ以上できないという議
　　論がありました。……最終的な形として（権限の＝筆者注）一部を市町村に
　　移し、財政基準需要額の中の員数割を少し増やしてもらって、さらに間伐な
　　どの実施に対する措置についても拡充してもらったという経過があります。」
　　林業経済 58（3）、26 ～ 27 頁

5　林野庁計画課（1999）森林整備に関わる市町村の役割強化―森林法などの一
　　部を改正する法律と地方財政措置の拡充―、林野時報 45（11）、22 ～ 28 頁

6　伐採・造林・保育その他森林の整備に関する基本的事項のほか、標準伐期齢

や立木の標準的な伐採方法、造林樹種や造林の標準的な方法など。

7　橋本政樹（1998）森林法などの一部を改正する法律について、会報383・384、20頁

8　地域森林計画に定める事項のうち、森林の整備の目標・伐採立木材積・造林面積・間伐立木材積・林道の開設及び改良に関する計画・保安林の整備及び保安施設事業に関する計画については、農林水産大臣の同意を得なければならないと規定された。

9　後藤健（2000）森林・林業・木材産業基本政策の検討、国民と森林73、12 〜 19頁

10　手束平三郎も水産業界からの働きかけで作成された水産基本法と異なり、官庁主導で法案作成が行われたと指摘している（手束平三郎（2001）森林・林業基本法の成立を迎えて、林業技術714、7 〜 11頁）

11　瀬戸宜久（2002）基本政策の検討について─森林計画を中心とした中間報告─、会報404・405、1 〜 19頁

12　2008年林業経済学会春季大会における後藤健のコメント（林業経済63（10）、18頁）

13　前掲瀬戸宜久（2002）

14　先の林地問題研究会に関する肥後の記録と同様、将来政策の検討をするうえでも極めて重要な記録である。

15　前掲瀬戸宜久（2002）

16　検討のなかでは、保安林制度の解体を含む抜本的な見直しの提案もあった。また第2保安林制度の創設や、保安林種の追加などの議論もあったとされている。

17　杉中淳（2004）幻の「持続的森林経営基本法」について、会報413、7 〜 14頁

18　2008年林業経済学会春季大会における後藤健のコメント（林業経済63（10）、18頁）

19　前掲杉中淳（2004）

20　内山節編著（2001）森の列島に暮らす　森林ボランティアからの政策提言、コモンズ、182頁

21　ただし、豊田市などで森林委員会を設置するなど、一部の地方自治体におい

てこの提言の趣旨を生かした改革が進められている。

22 森林計画制度におけるゾーニングについては公的には「区分」という名称が使われている。

23 ただし、すでに繰り返し述べてきたように、一部の規模の大きい所有者を除いては実際には森林組合などが策定していたケースがほとんどであった。

24 ただし、地理的に連続している必要はなく、作業拠点から 60 分以内に到達とところであれば団地的なまとまりをもった森林とみなした。地理的なつながり確保の困難さに配慮したため実質的には団地とは言えない条件であったといえよう。

25 2001 年 6 月 6 日衆議院農林水産委員会

26 2001 年 6 月 21 日参議院農林水産委員会

27 このほか 7 歳級以下の人工林と一体的に施業を行う計画があるとの条件がついている。

28 佐藤宣子編著（2010）日本型森林直接支払いに向けて―支援交付金制度の検証、J-FIC、17 頁

29 北尾邦伸（2003）環境政策と林業政策のはざま―森林・林業基本法の状態が示しているもの―、林業経済研究 49（1）、13 〜 22 頁

30 泉英二（2003）今般の「林政改革」と森林組合、林業経済研究 49（1）、23 〜 34 頁

31 速水亨（2002）新しい時代の森林管理へ、国民と森林 79、4 〜 6 頁

32 松下芳樹（2002）森林管理の新しい時代へ、国民と森林 80、5 〜 10 頁。このほか、森林施業計画制度の改革で、受託団体として NPO が森林所有者と契約を結んで森林の維持管理ができるようになったことを評価しつつ、30ha という計画認定水準のハードルが高く改善が必要なことを指摘している。

33 水土保全林と資源の循環林を対象とする補助金の間で、国・都道府県の負担割合・事業内容・査定係数は異ならなかった。

34 舟越日出夫（1999）法改正を踏まえた岩手県における森林計画への取り組み、会報 388、1 〜 6 頁

35 黒崎隆司（2002）これからの森林計画を考える、会報 402、1 〜 4 頁

36 柿澤宏昭（2004）地域における森林政策の主体をどう考えるか―市町村レベ

ルを中心として―、林業経済研究 50（1）、3 ～ 14 頁

37 林業経営者協会（2004）「森林施業計画制度」に関する要望を提出、林経協月報 514、7 頁

38 堀靖人、橋口卓也（2010）埼玉県・いるま農協－農業協同組合による平地林管理のための活用（前掲佐藤宣子編著）143 ～ 153 頁

39 前掲佐藤宣子編著（2010）に掲載されている事例や林野庁によるアンケート結果の分析を参照のこと。

40 日本治山治水協会（2012）治山事業百年史、日本林業調査会、128 頁

41 この当時、要整備森林において適切な施業が実施されない場合には施業の勧告をし、それでも行われない場合は、森林所有者に対して権利移転などの協議を勧告できるという制度となっていたが、もしこれでも施業が行われず、また緊急に施業を行う必要が生じたときにさらなる対策を講じなければならないと考えられたことから、こうした提案が行われた。

42 石崎涼子（2009）2000 年以降の都道府県による森林ゾーニングの性格、林業経済 62（4）、1 ～ 16 頁。なお、条例制定以前にも構想づくりなど、都道府県独自の林政展開に向けた動きがみられた。2000 年に開催された林業経済研究所の第 3 回シンポジウムでは「構造改革下における地方林政と森林管理問題」がテーマとして設定され、都県からの報告が行われている（林業経済 56（12）に報告と討論要旨が掲載されている）。

43 前掲石崎涼子（2009）

44 森林環境税は分権化時代の地方の独自税の代表的なものであり、また県民参加による政策形成・実行が行われており、情報も公開されていることから、多くの研究者が多様なアプローチで研究を行っており、自治体森林管理政策研究の新たな展開を開いたことも指摘できる。代表的な成果としては、諸富徹・沼尾波子編著（2012）水と森の経済学、日本経済評論社などがある。

第8章
生物多様性保全の取り組み

自然環境政策に関して、1990年代以降大きな転換があり、森林管理にも一定の影響を与えた。森林管理のコントロールという観点から重要な関わりがあると考えられるのは、「絶滅のおそれのある野生動植物種の種の保存に関する法律（種の保存法）」の制定と、生物多様性保全の取り組みであるので、これらについてみていく。また最後に森林吸収源対策についても触れておきたい。

第1節　種の保存法の制定と保護区の設定

種の保存法制定の背景

　日本における絶滅の危機に瀕した種の保護に関する取り組みは、国際条約への加盟が契機となった。象牙取引のためのゾウの乱獲に代表されるように、商取引によって種の絶滅の危機を引き起こす恐れがあることから、1973年に「絶滅の危機のある野生動植物の種の国際取引に関する条約（ワシントン条約）」が結ばれた。日本は1980年にこの条約に加盟し、国内対策として1987年に「絶滅のおそれのある野生動植物の譲渡の規制などに関する法律」を制定したが、この法律はワシントン条約の附属書に記載された種の取引を規制するものであり、日本国内で絶滅の危機に瀕した種の保護を主眼とするものではなかった。こうした中、1992年3月にワシントン条約の第8回締約国会議を京都で開催することが決まり、同年開催予定の地球サミットで生物多様性保全条約の採択が確実となったため、日本政府としても、何らかの対策を示さざるを得なくなり[1]、1991年10月の自然環境保全審議会に絶滅の恐れのある動植物の保護及び生物多様性条約への対応について諮問が行われた。こうした中で、まず法案化に取り組まれたのが「絶滅のおそれのある野生動植物種の種の保存に関する法律（種の保存法）」であった。

　それまで、例えばリゾート開発においてイヌワシの保護などが個別的に問題とされていたが、絶滅の危機に瀕した種の保護に関する法制度の創設に向けて自然保護団体の運動があったわけではなかった。1992年1月28日に世界自然保護基金日本委員会、日本自然保護協会、日本野鳥の会が共同で「滅

びゆく野生生物種を救うために：絶滅のおそれのある動植物の保護法立法化をめぐって」と題してシンポジウムを行い、立法の方向性について提言を行ったが、これは上述のような環境庁の自然保護審議会への諮問を受けて急遽企画されたものであった。

このように種の保存法制定は、国際的な動向への環境庁の対処に端を発しており、自然保護団体はこれに呼応して提言を行ったという流れになっている。自然資源管理に関わって国際的な動向が国内制度に大きな影響を持ち始めた嚆矢と言えるであろう。

種の保存法の主な内容

以上のような経緯で作成された種の保存法案は、次のような内容を持っていた。まず第1条において、目的を「野生動植物が、生態系の重要な構成要素であるだけでなく、自然環境の重要な一部として人類の豊かな生活に欠かすことのできないものであることに鑑み、絶滅のおそれのある野生動植物の種の保存を図ることにより、良好な自然環境を保全し、もって現在及び将来の国民の健康で文化的な生活の確保に寄与すること」と規定した。

具体的な希少種保護の仕組みは、種の保存法の対象となる希少野生動植物種を指定し、指定された種の捕獲・譲渡の規制、国内希少種の保護を図るための生息域等の保護、個体数の回復や生息環境維持回復等のための保護増殖事業を行うこととした。このうち希少種の生息域の保護は、森林管理とも関わってくるので、詳しくみておくことにしたい。

まず、希少野生動植物種の指定は、国内希少野生動植物種と国際希少動植物種に分かれるが、保護地域設定に関わるのは前者である。国内希少野生動植物種は「その個体が本邦に生息し又は生育する絶滅のおそれのある野生動植物の種であって、政令で定めるもの」としている。国内希少野生動植物種の保存のため必要があると認めるときは、環境大臣はその個体の生息地又は生育地及びこれらと一体的にその保護を図る必要がある区域で、その国内希少野生動植物種の保存のため重要と認めるものを、生息地等保護区として指定することができる。また、生息地等保護区の区域内で国内希少野生動植物種の保存のため特に必要があると認める区域を管理地区として指定すること

ができる。管理地区においては、建築や宅地の造成、鉱物採掘、河川・湖沼の水量に増減を及ぼす行為、木竹の伐採などは環境大臣の許可制とした。なお、管理地区以外の保護区は監視地区と称し、建築や宅地の造成などの行為を届出制とした。

　保護区及び保護管理地区の指定にあたって、環境大臣に関係機関の長との協議、中央環境審議会及び関係地方公共団体の長の意見徴収、指定をする旨の公示及び指定区域などについて公衆の縦覧に供することなどを義務付けた。

　なお、法律第3条では、「この法律の適用に当たっては、関係者の所有権その他の財産権を尊重し、住民の生活の安定及び福祉の維持向上に配慮し、並びに国土の保全その他の公益との調整に留意しなければならない」と規定している。ここで国土の保全等との調整が規定されているのは、希少種の保護措置が公共事業の障害となることを回避するためと考えられる。第54条では管理地区における開発行為の許可制について国の機関又は地方公共団体が行う事業には適用しないとし、環境大臣との協議のみを義務付けた。このほか、木竹の伐採については環境大臣が農林水産大臣と協議して管理地区ごとに指定する方法及び限度を定め、この範囲内の行為については許可制を適用しないとした。

　以上のような内容を持った種の保存法案は、1992年の第123国会に上程された。審議においては、保護区設定・利用規制に関わって他省庁との調整が必要とされることに対して、十分な保護区の指定ができないのではないかという懸念が示されたが、中村国務大臣は基本的には協議を行い「民主的に」決めざるを得ないと答えている。なお、林野庁経営企画課長の弘中は国有林の対応を問われ、本法案は国有林野事業政策に合致しており、積極的に評価するとしている[2]。審議過程でもう一点明らかになったのは、本法での保護区は大面積を想定していないことである。参議院環境特別委員会において堂本議員が保護地域の設定の仕方についての質問を行い、自然保護局長が「それぞれの種の…保存の必要の範囲」と答弁し、堂本が「大変狭い地域となりますね」として生態系全体を保全するための法律を別に制定する必要があるのではとした。これに対して、自然保護局長は、広大な地域を保護する

のは従来からある自然環境保全法によるべきとの答弁をしている[3]。

　衆議院環境委員会、参議院環境特別委員会のいずれも実質的な討議は1日のみで全会一致で可決された。

保護区の設定状況

　表20は、種の保存法による保護区域の指定状況を示したものである。保護区面積は885.5ha で、このうち厳しい規制がかかった管理地区面積は385.4ha となっている。制定時での議論でも懸念されたように、保護区の設定が進んでいないこと、ほとんどの保護区が100ha 以下と小規模なことが特徴となっている。希少種の保護のための自然環境保全法などによる保護地域の設定が進んではおらず、種の保存法の制定による希少種の保護に関する土地利用規制の導入は極めて限定的だったといえよう。

　こうした保護区指定状況についてはかねてより批判があったが、2013年に種の保存法の一部改正が行われた際には、環境NGO や弁護士会から状況改善のための提言が行われた。東京第二弁護士会は、「絶滅の恐れのある野生動植物の種の保存に関する法律改正に関する提言」[4]のなかで、生息地等保護区の指定が十分になされていないと指摘した。その理由として、保護区指定を環境大臣の裁量にゆだねていることを挙げ、行為規制が必要な場合に

表20　種の保全法による保護区指定の現状

	面積（カッコ内は管理地区）単位 ha	指定年月日
羽田ミヤタナゴ生息地保護区	60.6（12.8）	1994年12月
北岳キタダケソウ生育地保護区	38.5（38.5）	1994年12月
善王寺長岡アベサンショウウオ生育地保護区	＊13.1（3.9）	2006年7月
大岡アベサンショウウオ生育地保護区	＊3.1（3.1）	1998年11月
山迫ハナシノブ生育地保護区	1.13（1.13）	1996年6月
北伯母様ハナシノブ生育地保護区	＊7.05（1.94）	1996年6月
蘭牟田池ベッコウトンボ生育地保護区	153（60）	1996年6月
宇江城岳キクザトサワヘビ生息地保護区	＊600（255）	1998年6月
米原イシガキニイニイ生息地保護区	＊9.0（9.0）	2003年11月
合計	885.43（385.37）	

注：＊は森林が主体の保護区

は保護区の指定を義務付けるなどの規定の改正が必要と主張した。このほか、希少種の選定が不明確であること、希少種の指定が進んでいないことなども指摘し、法改正に向けた具体的な提言を行った。しかし、2013 年の改正では罰則の強化が行われたほか、目的規定に生物多様性の確保を加えたことなどにとどまり、種の指定や保護区に関しての改正は行われなかった。

　なお、国有林や道有林、一部の大規模社有林などでは、希少種を保護するための森林管理・施業方針を独自に定めて実行している。

特定鳥獣保護管理計画制度の創設

　1999 年には鳥獣保護法も改正された。この改正は、野生鳥獣の科学的・計画的な保護管理を行う特定鳥獣保護管理制度の導入と、鳥獣捕獲権限の地方分権化を主たる内容とするものであった。改正には大きく三つの要因があった。第 1 は、科学的・計画的な野生動物管理の仕組みを導入する必要性が研究者から提唱されたことである。それまでの野生鳥獣行政は、鳥獣被害が出た時に有害鳥獣駆除によって問題解決を図ろうとしていたが、個体数管理という考え方に改め、科学的・計画的に管理する必要性が認識された。第 2 は、鳥獣被害の激化であり、有害鳥獣駆除に関する規制緩和などが農林業有害鳥獣対策議員連盟によって提起された。第 3 は、既に述べた地方分権改革の中で鳥獣行政に関わる権限の地方分権化が検討された。

　特定鳥獣保護管理計画制度は、著しく個体数が増加あるいは減少している鳥獣がある場合、長期的な観点から当該鳥獣の保護を図るために特に必要のあると認めるときに、環境大臣[5]および都道府県知事が当該鳥獣に関して保護管理計画を定める仕組みである。計画には、計画期間、保護管理を行う地域、保護管理の目標、数の調整、生息域の保護・整備などを定める。これまでニホンジカ・クマ類・ニホンザル・イノシシなどに対して計画策定が行われてきており、2016 年 4 月現在 46 都道府県で 139 の計画が策定されている。これら計画には上述のように生息域の保護・整備という項目も含まれているが、計画策定・運用の焦点は個体数の調整にあてられており、この計画をもとに生息域に関して保護・整備が行われていることはほとんどない。

　なお、分権化について機関委任事務の自治事務化、鳥獣捕獲許可権限区分

の整理や猟区の設定の都道府県知事への移譲などが行われた。

　以上のように鳥獣保護法の改正は、科学的・計画的な野生動物管理の手法を取り入れたという点で画期的であったが、生息域に関わる対策と有効に連携しているとは言えず、生息地としての森林管理などに影響を与えるものではなかった。

第2節　生物多様性基本法の制定

生物多様性条約の締結と国家戦略の策定

　生物多様性条約は、1992年の環境と開発に関する国際連合会議（UNCED）において署名のため開放され、日本は1993年に条約を締結した。同条約は「生物の多様性の保全、その構成要素の持続可能な利用及び遺伝資源の利用から生ずる利益の公正かつ衡平な配分をこの条約の関係規定に従って実現することを目的とする」（第1条）と規定しており、生物多様性の保全、生物や生態系などの持続的な利用、医薬品やバイオテクノロジーなどへの遺伝資源の活用をめぐる先進国と途上国の利害調整の三つが目的となっている。前二者に関わる具体的な措置についての規定をみると、まず締約国には、「生物の多様性の保全及び持続可能な利用を目的とする国家的な戦略もしくは計画」、いわゆる生物多様性国家戦略を策定することを求めている（第6条）。このほか締約国は、「必要な場合には、保護地域又は生物の多様性を保全するために特別の措置をとる必要がある地域の選定、設定及び管理のための指針を作成すること」や、「脅威にさらされている種及び個体群を保護するために必要な法令その他の規制措置を定め又は維持すること」などを行うこととしている。

　同条約実施のための国内措置として、国家戦略の策定がまず行われた。日本の最初の国家戦略は1995年に「生物多様性国家戦略」として策定されたが、既存の施策・取り組みの延長線上に生物多様性保全を位置づけた簡略なものであった。

　2002年には前計画を包括的に見直して「新・生物多様性保全戦略」が策

定された。この戦略においては生物多様性の現状と問題点を、開発による負のインパクトによる「第1の危機」、里山荒廃など人間活動の縮小による「第2の危機」、移入種などによる「第3の危機」の「三つの危機」として整理した。そして、今後具体的に展開すべき方針として、保全の強化、自然再生、持続可能な利用の三つを提示した。三つの危機という認識はこの後の国家戦略に受け継がれてきており、また、自然再生という特に取り組むべき方針を掲げて、法制度を整備するなど、本格的な戦略の基本を据えたということができよう。

自然再生を推進するために、2002年には「自然再生推進法」が制定された。この法律は過去に損なわれた生態系その他の自然環境を取り戻すことを目的として自然環境の保全・再生を進めようとするものであり、政府が自然再生に関する施策を総合的に推進するための基本方針を策定し、この方針に基づいて自然再生事業を行うこととしている。この法律の特徴は、第1に政府・地方公共団体だけではなくNPOなど市民団体が自然再生事業の実施者になれることであり、第2に自然再生事業の実施にあたって自然再生協議会を設置し、地域住民やNPOの参加の下で自然再生の構想を策定し、実施するとしていることである。また、国・地方公共団体に対して、地域住民やNPOが行う自然再生事業について必要な協力を行うように努めることを責務とした。このように自然環境保全に関わって、市民が主体となって取り組む道を開き、多様な主体による協働の仕組みを打ち出したという点で、画期的な法律ということができよう[6]。

2007年11月には、「第3次生物多様性国家戦略」が閣議決定された。この戦略では三つの危機の認識を受け継ぎつつ、さらに第4の危機として地球温暖化を加えた。また、基本戦略として、生物多様性を社会に浸透させる、地域における人と自然の関係を再構築する、森・里・川・海のつながりを確保する、地球規模の視野を持って行動することの四つが提起された。なお、2007年6月に閣議決定された「21世紀環境立国戦略」に示された八つの戦略のうちの「生物多様性の保全による自然の恵みの享受と継承」の中で、「SATOYAMA イニシアティブ」が初めて提唱された。地域と人との共生モデルとして、また、身近な自然として社会の生物多様性保全認識を喚起する

モデルとして里山に焦点があてられた。

基本法の制定

　1999年の鳥獣保護法改正をきっかけとして、総合的な野生生物保護に関する基本法を市民立法することをめざして自然保護NPOのネットワークが形成され、市民法案を作成するなどの運動を展開した。2007年の参議院選にあたって民主党が作成したマニフェストの生物多様性保全の項目には、この市民法案を踏まえて「野生生物保護基本法を制定する」ことが盛り込まれた。参議院選で民主党は改選数121議席のうち60議席を獲得し、政権獲得をうかがう中で、マニフェストの内容を整理したうえで2008年4月には生物多様性基本法として衆議院に法案登録した。一方、与党自民党による生物多様性基本法案も準備され、約1カ月強かけて与野党の協議が行われ、最終的には5月に合意に達し、国会審議にかけられて同月末に可決成立した[7]。

　「生物多様性基本法」は、「生物多様性の保全及び持続可能な利用に関する施策を総合的・計画的に推進することにより、豊かな生物多様性を保全し、その恵沢を将来にわたって享受できる社会を実現し、地球環境の保全に寄与すること」を目的としている。また、基本原則として、多様な自然環境を地域に即して保全すること、生物多様性の利用は生物多様性に及ぼす影響を回避または最小となるように進めること、生物多様性の保全と利用に関して解明されていないことが多いので予防的順応的な手法により取り組むことなどを規定した。具体的な取り組みとしては、生物多様性国家戦略の策定義務を国に課したほか、地方公共団体による地域戦略の策定を努力義務とした。さらに、生物多様性国家戦略は、環境基本法に基づく環境基本計画を基本として策定するとともに、「環境基本計画及び生物多様性国家戦略以外の国の計画は、生物の多様性の保全及びその持続的な利用に関しては、生物多様性国家戦略を基本とするものとする」と規定し、生物多様性に関して他の政策分野の計画の基本となることを明確化した。

　同法は自然保護NPOの議論を基礎としており、与野党の折衝で改変されたとはいえ、その基本的な主張はほぼ反映されており、市民が求める生物多様性保全が制度・政策の基礎に据えられたと評価できよう。

自然公園法の改正

　生物多様性が重要な政策課題として認識される中で、2002 年と 2010 年に自然公園法の改正も行われた。

　まず 2002 年に行われた改正では、第 1 に、国及び地方公共団体の責務に「自然公園における生物多様性の確保を旨として、自然公園の風景の保護に関する施策を講じること」が追加され、風景の保護の中に生物多様性保全が明確に位置付けられた。第 2 に、特別地域・特別保護地域において規制の追加が行われた。廃車の投棄による風致への支障や、高山チョウなどの採取による生態系への影響が大きな問題となったことから、環境大臣が指定するものの集積や、動物の捕獲を規制できるとした。第 3 に、利用調整地区制度が創設された。自然度が高い地域への利用圧が高まっていることを受けて、特別地域内に立ち入りの人数などを制限することができる利用調整地区を設けることができるとした。第 4 に、風景地保護協定制度を創設した。それまで一次産業によって維持されてきた草地や里山景観であるが、社会経済状況の変化でその維持が難しくなっている状況の中で、環境大臣・地方公共団体・NPO などが土地所有者等との間で協定を結んで、土地所有者に代わって管理をできるようにしたものである。なお、この協定を結ぶにあたって NPO 等は公園管理団体の指定を受けなければならないとした[8]。都道府県立自然公園についても条例によって利用調整地区、風景地保護協定、公園管理団体の制度を定めることができるとした。

　2010 年の改正では、生物多様性基本法が成立したことなどを受けて、目的に「生物の多様性の確保に寄与すること」が追加された。また、生態系の回復や維持を図るために生態系維持回復事業を創設することとした。それまでの自然公園管理は人間活動による自然環境への影響を抑制することが基本であったが、シカなどによる食害や外来種の侵入による影響が深刻になり、これへの対策が求められた。そこで、生態系維持回復事業計画を策定し、生態系の回復も含めた総合的な取り組みを順応的に行うこととした。

　以上のように、生物多様性が自然公園制度の中で明確に位置付けられ、また生物多様性保全を具体的に進めるための仕組みが整えられてきた。

2010 年・2012 年国家戦略の主な内容

　生物多様性基本法によって、生物多様性国家戦略に新たな位置付けが与えられたことから、同法に基づく新たな国家戦略を策定することが必要となった。2010 年 10 月には名古屋で日本が議長国となって生物多様性条約第 10 回締約国会議（COP10）が開催されることも睨んで、2010 年 3 月に、「生物多様性国家戦略 2010」が閣議決定された。内容は、基本的に第 3 次戦略を踏襲しているが、新たに目標年を明示して中長期目標と短期目標を設定した。これは生物多様性条約において当初掲げた 2010 年までに生物多様性の減少を顕著に抑制するという目標が未達成に終わり、ポスト 2010 年目標をどうするかが COP10 の大きな議題となることから設定されたものであった。短期目標として 2020 年までに生物多様性の損失を止めるために行う行動を定め、さらに中長期目標として 2050 年までに生物多様性の状態を現状以上に豊かなものとすることとした。また、COP10 開催を睨んで日本からの発信として SATOYAMA イニシアティブを推進することなどを打ち出した。

　さらに、COP10 で定められた愛知目標を達成するためのロードマップを示すこと、そして 2011 年 3 月 11 日に発生した東日本大震災の経験を踏まえた「今後の自然と共生する世界」の実現に向けた方向性を示すことを目標として、2012 年に「生物多様性国家戦略 2012 ～ 2020」が策定された。この戦略では四つの危機を踏襲したうえで、課題として、生物多様性に関する理解と行動、担い手と連携の確保、生態系サービスでつながる「自然共生圏」の認識、人口減少等を踏まえた国土の保全管理、科学的知見の充実の五つを挙げた。また、基本戦略として、科学的基盤を強化し政策に結びつけることを新たに加えた。さらに、愛知目標の達成に向けたロードマップを新たに付け加え、五つの戦略目標ごとに 13 の目標を設定したほか、目標達成に必要となる主要行動目標を設定した。

　以上のように生物多様性条約を受けて、1995 年以降生物多様性国家戦略を策定し、その内容を充実させてきており、COP10 の愛知目標を受けて、目標達成に向けたロードマップを掲げて達成状況を把握しつつ改善を図る仕組みを戦略に組み込んだ。また、生物多様性基本法によって国家戦略が法的根拠を獲得し、生物多様性保全に関して他省庁の策定する計画の基本となっ

たことから、分野横断的に国家戦略を生かす道が開けたといえる。

　一方で、生物多様性国家戦略は生物多様性保全のための規制力を森林管理・利用等に対して直接的に持つものではない。このため、実効性確保のためには、生物多様性国家戦略を通じて、個別の政策分野に生物多様性保全を具体的に落とし込んでいくことが必要となる。そこで次に、林野庁による森林に関わる生物多様性保全への取り組み、生物多様性国家戦略における森林に関する記載内容、森林計画における生物多様性の記載内容についてみてみよう。

林野庁による森林生物多様性保全の検討

　林野庁は、生物多様性基本法の制定や 2007 年に農林水産省生物多様性保全戦略が策定されたことを踏まえ、COP10 を見越して、2008 年 12 月に「森林における生物多様性保全の推進方策検討委員会」を設置した。検討委員会は翌 09 年 7 月に報告をまとめ、これが林野庁の生物多様性保全に関わる取り組みの基本となった。まず、この報告の内容についてみてみよう。

　現状認識として、人工林の管理放棄や里山林の放置、天然林の質的低下等がみられるとし、生物多様性の損失を今後さらに招く要因として里山林放棄に伴う植生遷移の進行や、シカ個体数の増加による下層植生の消滅をあげた。

　めざすべき森林の姿としては、第 1 に多様な森林タイプ・異なる生育段階から構成された森林のバランスのとれた配置、第 2 に適度な撹乱による森林の変化と森林生態系の安定性の確保、第 3 に林相に応じた森林の健全性の確保、第 4 に森林の連続性の確保、第 5 に希少な野生生物の生息環境の確保をあげた。これらを具現化するうえで、森林計画制度や保安林制度の果たす役割を評価し、これら制度の的確な運用が重要としたほか、適正な森林整備を行う前提として林業経営基盤の確立が不可欠とした。今後の森林計画制度運用の方向性としては、第 1 に順応型管理の考えを基本とすること、第 2 に生物多様性の保全に配慮した施業指針の充実を図ること、第 3 に森林施業計画に基づく適切な施業を行う者が社会的に評価される仕組みを構築することが必要と指摘した。

以上のように、森林管理において生物多様性の保全のためにめざすべき姿を示しつつ、その実行のために森林計画制度及び保安林制度が高く評価できるとして、この制度の中で実効性を確保しようとした。また、適切な森林管理を進めるうえでは林業経営基盤の強化が必要であるとして、林業政策の推進を通して生物多様性保全への貢献を確保しようとした。既存の制度・政策体系の中に生物多様性保全を入れ込む、あるいはリンクするという形で生物多様性保全を進めることとしたのである。

国家戦略における森林の取り扱い

　生物多様性国家戦略 2012 ～ 2020 では「第 2 部　愛知目標の達成に向けたロードマップ」および「第 3 部　生物多様性の保全及び持続可能な利用に関する行動計画」において、森林管理に関わる具体的な対策が書かれている。それぞれの記載の内容についてみてみよう。

　行動計画では、「第 1 章　国土空間政策　第 5 節　森林」において森林に関わる計画がまとめて述べられている。ここで挙げられている施策項目と具体的施策の主たる内容をみみると、以下の通りである。

　まず、重視すべき機能区分に応じた望ましい姿とその誘導の考え方として、前述の「森林における生物多様性保全の推進方策検討委員会」報告で提起された森林管理の方向性を述べ、これを森林計画制度の適切な運用によって確保するとした。さらに、多様な森林づくりの推進、美しい森林づくり推進国民運動の促進、保安林指定の計画的推進など森林の適切な保全・管理、鳥獣による森林被害対策の推進、人材の育成、都市と山村の交流・定住の促進、国民参加の森林づくりと森林の多様な利用の促進、森林環境教育・森林との触れ合いなどの充実、国産材の利用拡大を基軸とした林業・木材産業の発展、保護林や緑の回廊をはじめとする国有林野の管理経営の推進を行うとした。

　以上のように、これまで林野庁で展開してきた政策で生物多様性に関連するものをそのまま戦略に盛り込んでいる。国有林においては 1980 年代の原生的森林の伐採問題を契機にして、生物多様性保全を前面に押し出した取り組みが行われているものの、それ以外には生物多様性保全を正面から目標と

した施策はなく、現行の政策体系や内容の中で対処をしようとしている。

また 2020 年までのロードマップにおいて掲げられている森林に関わる指標についてみると以下のようである。

戦略目標Ａ：多様な主体の自発的な行動による生物多様性の損失の根本原因への対処→森林経営計画（後述、森林施業計画の後継制度）の策定面積・森林認証取得数

戦略目標Ｂ：生物多様性の保全を確保した農林水産業を持続的に実施→森林計画対象面積

戦略目標Ｃ－１：少なくとも陸域および内陸水域の 17%。沿岸および海域の 10% を適切に保全管理→保安林面積、国有林の保護林および緑の回廊面積

戦略目標Ｄ－１：生物多様性及び生態系サービスから得られる恩恵を強化する→森林計画対象面積

戦略目標Ｄ－２：生態系の保全と回復を通じて、生態系の回復能力と二酸化炭素貯蔵に対する生物多様性の貢献を強化→森林による二酸化炭素吸収量、国有林の保護林および緑の回廊面積

　このように指標についても、生物多様性保全そのものを評価する指標ではない。生物多様性が国有林以外の森林管理で確保されるのは、計画制度の中で生物多様性保全をどう記載し、それを現場レベルでどう具体化しているのかにかかっているといえよう。そこで次に、現行森林・林業基本計画および全国森林計画の中で生物多様性保全がどのように書き込まれているのかについてみておこう。

森林管理政策における生物多様性保全

　2016 年 5 月に閣議決定された森林・林業基本計画において、森林の有する多面的機能の一つとして生物多様性保全機能を挙げた。本計画では地域ごとに機能別に区分を行って森林の整備保全を行うことを基本方針としているが、生物多様性保全機能については原生的な森林生態系や希少な生物が生育・生息する森林など属地的に発揮されるものを除き、ゾーニングの対象とはしないこととした。その理由として、生物多様性保全機能は、伐採や自然

の攪乱などにより時間軸を通して常に変化しながらも、一定の広がりにおいて様々な生育段階や樹種から構成される森林が相互に関係しつつ発揮される機能であることをあげた。

そのうえで、森林の誘導の基本的な考え方として、順応型管理の考え方に基づき、時間軸を通して適度な攪乱により常に変化しながらも、様々な生育段階や樹種から構成される森林がバランス良く配置されることが望ましいとした。また、育成単層林・育成複層林・天然生林のそれぞれに誘導の考え方を記載しているが、生物多様性については前述のゾーニングの考え方を受けて、希少な生物が生育・生息する森林について天然生林への誘導などに特に配慮を求めた。

また、生物多様性の保全に関して政府が講ずべき施策として、森林所有者などが施業を選択する際に目安となる施業方法の提示や施業技術の普及、多様な森林整備への取り組みを加速するコンセンサスを図ることをあげた。さらに、原生的な生態系や希少な生物の生育・生息地、水辺林などの保全・管理及び連続性の確保などを図ることとした。

2013 年 10 月に閣議決定された全国森林計画では、森林の整備及び保全の基本的な考え方として、森林・林業基本計画で示された生物多様性保全機能を記した[9]。森林の整備に関する事項では、森林の立木竹の伐採などに関わって生物多様性保全の観点から、野生生物の営巣などで重要な空洞木や枯損木等について保残につとめることとした。伐採にあたっては、渓流周辺の森林における生物多様性保全などのため必要のある場合には保護樹帯を設けることとするとした。このほか、ゾーニングについては、森林・林業基本計画で示した森林の機能と望ましい姿を踏まえて行うとした。

2006 年に策定された森林・林業基本計画においては、自然環境保全への配慮などの文言はあるが、生物多様性保全という言葉さえ使われていなかったことを考えると、森林計画体系に生物多様性の概念が入れ込まれたという意味は大きい。

一方で、森林計画制度の中での生物多様性保全の確保の実現性は薄いといわざるをえない。生物多様性保全機能については、ゾーニングするのは原生的な森林や希少種の生育・生息場所などに限定されるとして、それ以外のす

べての森林について生物多様性保全機能の発揮は一般的配慮規定を置くという形になっている。このことは、すべての森林に対して生物多様性保全機能の発揮への配慮を要請したという積極性を持っているが、一方で誘導すべき森林の姿は多様な遷移段階・樹種によって構成されるべきなど抽象的な表現となっており、希少種の配慮や河畔域の保全を施業現場で落とし込むための具体的指針なども策定されていない。施業の現場でどのように配慮すれば生物多様性に配慮したことになるのかに関する具体的な指針が存在していないのである。

　これまで繰り返し述べてきたように、森林計画制度の最前線に立つ市町村の森林行政体制が脆弱であること、森林総合監理士（後述）として市町村の支援を行うこととなった林業普及指導員が一般的には生物多様性に関わる知識を十分持っているとは言えないことからして、森林・林業基本計画や全国森林計画に書かれている内容を現場で実行するのは極めてハードルが高いといえる。地域ごとに生物多様性の現状を認識したうえで、生物多様性保全のための具体的な施業指針を明確化させ、これに関わる専門知識を持った人材が計画制度の運用や指導に関わる体制ができない限りは、生物多様性保全への配慮は文面だけで終わらざるをえないであろう。

森林吸収源対策

　京都議定書に関わって、日本は温室効果ガス削減目標６％のうち、3.8％を森林吸収源によって確保するという、森林吸収源に過大な依存をする決定を行った。これに伴い、第１約束期間における１年あたりの森林吸収目標を1,300万トンと設定したため、この達成が森林政策の大きな課題となった。京都議定書では吸収源の対象としては新規植林・再植林・森林経営が認められたが、日本では前二者の対象となる森林がほとんどないため、森林経営、その中でも特に間伐に焦点を当てて施策を展開してきた。

　第１約束期間が2008年から2012年に設定されていたことから、2007年から森林吸収源対策の予算計上を行い、2008年には「森林の間伐等の実施の促進に関する特別措置法」を成立させるなどして、積極的に吸収源対策を行った。このような取り組みの結果として、第１約束期間の目標については

達成した。第 2 約束期間について、日本は参加しなかったが、カンクン合意に基づいて引き続き吸収量の確保を行っている。

　以上のような森林吸収源確保の取り組みに関わって、財源の確保が大きな課題となり、2012 年の税制大綱に森林吸収源対策の財源の確保について早急な検討を行うことが記載された。2017 年には森林吸収源対策税制に関する検討会が設置され、同年 11 月に出された報告書において、国税として森林環境税を創設し、市町村が実施する森林整備の財源とすることが提起された。これを受けて 2017 年税制改正大綱に森林環境税の創設が盛り込まれた。

　吸収源対策が間伐の促進に寄与した面はあるとはいえ、本来排出削減によって解決すべき課題を、森林吸収源に押し付け、その対策財源を「森林環境」税と称しているところに、日本における生物多様性保全をはじめとした「森林環境」問題認識の希薄さとゆがみが表れているといえよう[10]。

脚注

1　畠山武道（2008）自然保護法講義、北海道大学出版会、328 頁

2　衆議院環境委員会 1992 年 4 月 21 日

3　参議院環境特別委員会 1992 年 5 月 27 日

4　東京第二弁護士会（2013）絶滅の恐れのある野生動植物の種の保存に関する法律改正に関する提言

5　環境大臣が策定できるのは国際的・全国的に保護を図る必要がある鳥獣の保護に関する「希少鳥獣保護計画」、特定の地域において生息数が著しく増加、または生息域の範囲が拡大している希少鳥獣に関する「特定希少鳥獣管理計画」である。

6　ただし、実際の事業を行うにあたっては行政のハードルが多く、また協議会が有名無実化しがちであるとの指摘がある。前掲畠山武道（2008）58 頁

7　この経緯については環境法政策学会編（2009）生物多様性の保護、商事法務、に所収されている「生物多様性の保護—パネルディスカッション—」におけるWWF の草苅秀紀の発言に詳しい。

8　公園管理団体の仕組みも本改正でつくられた仕組みで、国立公園にあっては環境大臣、国定公園にあっては都道府県知事が一定の能力を有する公益法人

や NPO 法人を指定するとした。また法律的には風景地保護協定の締結主体として位置付けられているが、登山道整備など幅広い業務を行うことができるとされている。

9 2013 年全国森林計画は 2011 年に策定された森林・林業基本計画の記載を踏まえているが、2011 年基本計画における生物多様性に関する記述は 2016 年基本計画とほとんど変わらない。

10 税制大綱において、森林整備は地球温暖化のみならず、国土保全や快適な生活環境に貢献するとしており、財源の使途は吸収源対策のみに焦点を当てているわけではない。しかし、こうした表現は逆に「森林環境」という言葉の使われ方のあいまいさを示しており、森林整備のための財源確保ありきという印象を与える。

第9章
森林・林業再生プラン以降の動向

第1節 森林・林業再生プランと森林計画制度

森林・林業再生プランの策定

　2009年9月に民主党政権が発足した。林業は民主党が打ち出した成長戦略の重要な構成要素として位置付けられ、森林・林業再生プランの策定とその下での改革が進められた。

　まず、政権につくまでの民主党林業政策についてみておこう。民主党は2007年に「森と里の再生プラン」を策定している。この中で10年後の木材生産量5,000万m³、木材自給率50％のほか、林業・木材産業・住宅産業の活性化、中山間地域での雇用拡大、木の文化の再生などを目標として掲げた。このプランの策定で中心的役割を果たしたのは当時民主党農林漁業再生本部顧問を務めていた管直人とそのブレーンであった富士通総研の梶山恵司であり、その後もこの二人が民主党の森林・林業政策の形成を主導していくこととなる。

　2008年12月には民主党「次の内閣」閣議において、農林水産政策大綱として「農山漁村6次産業化ビジョン」を策定した。森林・林業に関わる基本的な目標については、上述のプランから大きく変化していないが、新たに6次産業化の推進を目標に加えたほか、改革の基本方向として「森林管理・環境保全直接支払制度」の導入による森林吸収源対策の実行、路網整備と高性能林業機械導入による林業経営安定化、木材産業の活性化と木質バイオマス利活用の推進、国有林野事業の一般会計化などを掲げた。2009年の衆議院選挙のマニフェストでは、間伐などの森林整備を進めるため「森林管理・環境保全直接支払制度」の導入と、木材住宅産業を地域資源活用型産業の柱として推進することを具体的政策として組み入れた。

　以上のように、民主党の森林・林業に関わる政策は、林業の経済的な再生を強く打ち出しており、中山間地域の成長への貢献という経済再生の文脈の中に位置付けられていた。

　2009年9月に民主党政権が誕生した後、同年11月には管が副総理兼国家戦略担当相、梶山が内閣官房国家戦略室員・内閣審議官に任命され、11月

には森林・林業再生本部が設置された。こうした中で森林・林業に関わる政策の具体化が進められ、10月に策定された緊急雇用対策を受けて12月には「森林・林業再生プラン」が策定された。

　森林・林業再生プランは副題を「コンクリート社会から木の社会へ」とし、環境配慮と経済成長を結び付けて「民主党政権らしさ」を前面に打ち出した。森林の有する多面的機能の持続的発揮、林業・木材産業の地域資源創造型産業への再生、木材利用・エネルギー利用拡大による森林・林業の低炭素社会への貢献の三つを基本理念としたうえで、目標として10年後の木材自給率50%以上を掲げた。また、具体的な検討事項として以下を設定した。

①林業経営・技術の高度化；路網・作業システム、日本型フォレスター制度の創設・技術者教育、森林組合改革・民間事業体サポート。

②森林資源の活用；国産材の加工・流通構造、木材利用の拡大。

③制度面での改革・予算；森林情報の整備・森林計画制度の見直し・予算の検討、伐採・更新のルール整備、木材利用の拡大に向けた制度などの検討、国有林の技術力を生かしたセーフティーネット、補助金・予算の見直し。

　森林・林業再生プランの具体化と推進のために、農林水産大臣を本部長とする「森林・林業再生プラン推進本部」を設置し、同本部の下に制度面・実践面の検討を行う検討委員会を立ち上げた。

　森林・林業再生プランは自給率50%を目標に据え、林業・木材産業の再生を中心課題に据えた点で、民主党の下で形成された森林林業政策を引き継ぎつつ具体化したものといえる。本プランにおいては、森林計画制度の見直しや伐採更新ルールの整備が挙げられていること、日本型フォレスターの創設や技術者教育など人材育成が加わっていることが新たな特徴となっている。前者については伐採跡地放棄などの問題が生じていることから、林業再生を進めていくためには資源の持続的管理を基礎におくことを明確にしたものと考えられる。また後者については、第1に林野庁は日吉森林組合をはじめとする提案型施業の動きを受けて、2007年より施業プランナーの育成を開始するなど人材育成の必要性の認識を高めていたこと、第2に管・梶山らが規範として参照したドイツの森林管理システムの中でフォレスターが重要

な役割を果たしていたことが背景にあり、森林管理や林業再生を進めていくうえで専門的人材が不足しているとの認識に立ったものであった。それまでの森林政策の検討において、林業労働者以外の人材育成に焦点があてられることはほとんどなく、現場レベルのエンパワメントと、それによる政策目標達成を支えることを課題として設定したことは画期的であったといえよう。

なお、この時期は様々な主体から林政改革の提言が行われ、活発な議論が行われたことも大きな特徴であった。日本林業経営者協会は2010年3月に「今後の森林管理・林業経営に向けた提言」を作成し、加藤鐵男元林野庁長官が代表を務めた「持続可能な森林経営研究会」が「持続可能な森林経営のための30の提言」を同じく2010年3月に作成した。これらの提言は、森林管理から林業経営・木材需要まで広範な内容をカバーしているが、いずれも森林計画制度が形骸化し、保安林との役割分担がはっきりせず、生物多様性保全などに関わるルールが脆弱であることを指摘しており、計画制度の改革や施業ルールの明確化を主張した。特に後者の提言では、保安林制度そのものの見直しも主張した。このような提言が行われてきたことは、第1に森林政策が現代的課題に対応できていないことが関係者の間に強く認識されており、第2に政権交代に伴う改革の機運の中で主張を反映させる大きなチャンスと認識されたことが指摘できよう。ただし、こうした議論は林業関係団体等、森林・林業に関わる実務家・専門家によって行われており、森林ボランティア団体など市民団体からの議論はほとんどみられなかった。

検討委員会による議論とその限界

森林・林業再生プランを推進するために、森林・林業再生プラン推進本部の下に5つの委員会が置かれて検討が行われた[1]。各委員会の議論は2010年2月に開始され、6月に基本政策委員会の中間とりまとめが行われ、2011年度予算要求に反映され、11月30日には最終とりまとめが行われた。

最終とりまとめの中から、森林計画・施業監督関連分野の内容をみると、以下のようであった。

森林計画の仕組み・内容の見直し；森林・林業基本計画と全国森林計画を一
体的に作成し、都道府県との同意協議対象の計画量は伐採量・造林面積・

保安林面積のみとする。市町村森林整備計画については森林のゾーニングを地域主体で行い、路網ネットワークの全体像を提示するなど地域の森林のマスタープランと位置付ける。また、森林施業計画に代わって森林経営計画制度を導入し、属地的に計画を策定して効率的な施業を確保する。

適切な森林施業が行われる仕組みの整備；伐採後植栽の命令を発する仕組みを導入し、森林経営計画作成を促進させることで適切な施業を図る。森林経営計画については意欲がある森林組合・事業体などが策定できるものとする。

以上のような森林の管理整備を進め、林業再生を進めるためには専門的な人材が必要であることからフォレスター制度の創設、森林施業プランナーの育成などを掲げた。前者については市町村森林行政が弱体であることから、林業普及指導員の資格試験を見直し、市町村の森林行政の支援や施業プランナーへの支援ができる人材を育成することとした。後者については森林経営計画作成の中核を担いうる人材として施業プランナーを位置付け、引き続き育成を図ることとした。

このように、森林管理に関わる制度を大きく改革するには至らなかったが、これについて検討過程を振り返ってみたい[2]。

第1は、森林施業のコントロールの仕組み全体について検討できなかったことである。これまでも述べてきたように、民有林における森林管理のコントロールは保安林のあり方を含めて検討する必要があったが[3]、短期間の検討では扱いきれず具体的な検討の俎上には上らなかった。森林・林業基本法の検討過程と比較して制度的検討を欠如していたといえる。この要因としては、民主党政権が制度改革の具体的方針をもっておらず、また、林野庁は政策体系全体の見直しの必要性を認めていなかったことも指摘できよう。

第2は、森林の持続的管理・多面的機能の発揮に関わる規制的ルールの設定がほとんどできなかったことである。保安林が規制を一手に引き受ける仕組みの中で、また、土地所有権保護が強い中で、森林計画制度の中で普通林において規制的な措置を組み込むことは困難であり、法令による皆伐上限面積の設定も断念された[4]。

第3に、地方分権化の流れの中で、森林行政体制が弱体な市町村の権限を

維持・強化をせざるを得ず、一方でその体制強化の措置はフォレスター制度という間接的な仕組みしかできなかったことである。市町村森林行政能力の脆弱性が問題と認識されていたことから、都道府県が主体となった森林計画の運用なども提起されたが、地方分権の流れに逆行し、都道府県の多くも市町村への分権化の進展とともに人員を削減しており、これを担う余力がない状況であり、不可能と判断された。こうした中で、専門的な人材育成とその配置によって市町村レベルの能力向上を図ろうとしたが、地方分権化・規制緩和の中で、新たな林業専門職の資格制度の創設や、市町村にこれら林業専門職員の配置を義務化するといった必置規制を置くことはできず、都道府県の普及職員をフォレスターとして再教育して市町村を支援するという形をとらざるを得なかった。市町村行政に関わる権限を持たない都道府県職員が市町村に対して支援を行うという変則的な体制をつくらざるを得なかったのである。

　以上のように、複雑に組みあがった政策体系・規制緩和・地方分権・強固な土地所有権保護を前提として検討を進めたため、改革には大きな限界があった。そうした意味で林政の形成は、さらに袋小路に入り込んだともいえる。

森林法の改正と国会での審議

　改革のうち、森林法制度に関わるものは、2011 年 1 月に森林法の一部改正案として衆議院農林水産委員会に付託され、審議が開始された。改正案の主たる内容は、以下のようであった。

①無届けによる伐採が行われ、跡地の造林が行われないために、災害の発生等のおそれがある場合には、市町村長は伐採後の造林を行わせる命令を行えるようにした。

②早急に間伐が必要な森林に対して森林所有者が間伐を行わない場合に、都道府県知事の裁定により第三者に間伐を代行させる制度があるが、これに対して森林所有者が不明の場合も含め間伐を代行し得るようにした。

③森林施業に必要な路網の設置等に際し、他人の土地に使用権を設定する手続について、土地の所有者等が不明の場合にも対応できるようにした。

④現行の森林施業計画を廃止して新たに森林経営計画とし、計画の作成主体を森林所有者のほか、森林経営の委託を受けた者とするとともに、路網の整備状況等を勘案して計画の認定を行うこととするなどの見直しを行った。

　法改正の内容は限定的であり、方針の転換というよりはこれまでも存在していた仕組みに新たな上乗せした内容となった。「抜本的」な改革とは言えないという批判が行われるゆえんとなっている。

　さて、国会の審議において特筆すべきは、自民党議員16名から森林法の一部を改正する法律案が提出されたことである。この改正案の主要な内容は、第1に新たに森林所有者等となった旨の届け出の制度を創設するなど所有者情報の把握の仕組みを整備する、第2に伐採届出をせずに市町村森林整備計画に適合しない伐採を行ったものに伐採中止命令を出し、また造林命令に従わず水源涵養機能に支障を及ぼす場合に都道府県知事または市町村長がその行為を行うことができるなど、行政による施業の監督・代行機能を強化させようとするものであった。

　こうした議員提案が出された背景としては、外資による森林取得や水源林取得が社会的な問題となっていたこと、森林所有者が不明なケースが多数に上ることが明らかになったことがある。このため、今後の森林管理の基盤整備や外資による森林取得の把握という観点から所有者情報把握の仕組みの整備が必要であり、水源保全の観点から施業監督の強化が課題として設定された。

　衆議院農林水産委員会では両法案を一括して審議したが、自民党による提案も改革の方向性は同じくしており、自民党提案を組み込む方向で議論が進んだ。最終的には自民党からの改正案はいったん撤回し、民主党、自民党、公明党、社会民主党・市民連合の4派共同の提案による以下のような修正案が提案され、全員賛成で可決された。

①地域森林計画の対象となっている民有林について、新たに森林の土地の所有者となった者は、市町村長にその旨を届け出なければならない。

②都道府県知事及び市町村長は、この法律の施行に必要な限度で、その保有する森林所有者等に関する情報を、内部で目的外利用ができ、また、この

法律の施行のために必要があるときは、関係する地方公共団体の長その他の者に対して、森林所有者等の把握に関し必要な情報の提供を求めることができる。

③市町村長は、届出義務に違反して立木を伐採した者に対して、造林命令のみならず、伐採の中止を命ずることができる。

参議院では本修正案が提案され、4月15日の本会議において全会一致で可決成立した。

森林・林業再生プランのもとでの政策展開

森林・林業再生プランのもとで形成された改革の内容を、改めてまとめてみよう。

第1は、森林計画制度の改革であり、各段階の計画内容を明確化し、持続的な森林経営を確保するための制度的な枠組みを整備した。

市町村森林整備計画は地域の森林のマスタープランとすることとし、地域の森林整備・林業再生を具体化させる基本計画として位置付けられた。すべての森林を三機能に区分していたことをやめ、市町村が森林整備計画の中で地域の状況に即してゾーニングを行うこととし、全国森林計画でゾーニングの例示を行い、これを参考にしつつ各市町村がゾーニングを行い、それぞれのゾーニングごとに施業の規範を示すこととした。また、森林整備・林業再生の基盤となる路網について、計画期間内に優先的に整備をする区域を設定するとともに、計画路線を図示することとした。

森林施業計画に代わって森林経営計画制度が創設された。面的なまとまりを持って集約的な経営を進めるため、林班または複数林班を単位として属地的なまとまりをもって計画を策定することとした。計画内容については、森林の保護に関する事項を追加し、施業が計画されていない天然林も計画対象とし、多面的機能の発揮を確保した森林の管理を行うことをめざした。さらに、計画策定主体に森林経営の受託者を含め、森林組合や林業事業体など森林経営に意欲があるものが経営計画策定を担い、施業集約化を進め、低コストで効率的な施業を進めることとした。

森林経営計画に関わってもう一点指摘すべきは、森林経営計画の策定を補

助金の支給条件とし、計画策定推進の梃子としたことである。これまでも造林などの補助金は森林施業計画を樹立している場合に補助率のかさ上げなどの優遇措置を講じていたが、これら補助金を森林環境保全直接支払いに再編し、森林経営計画制度を樹立している者のみが支払いを受けられることとし、集約化を進める強い方向付けを行った。また、間伐に関して搬出間伐が進んでいないことから、特に搬出間伐を積極的に推進する方向で制度設計が行われた。

第2は、無秩序な伐採の防止や森林整備を推進するために、行政が関与する新たな手法を設けたことである。無届伐採が行われた場合の行政命令の新設、要間伐森林所有者に対して要間伐森林である旨の通知や、必要な間伐が行われない場合に施業代行を行いやすくする仕組みの拡充、路網を設置するために必要な他人の土地に対して、所有者が不明でも手続きを進められる仕組みなどを導入した。

第3は、森林の所有者になった旨の届出で、森林を新たに取得したものは、90日以内に、取得した森林が存在する市町村長に届出をすることとした。

第4は、人材の育成であり、都道府県の林業普及指導員を日本型フォレスターとして再教育して市町村林政の支援にあたらせることとした。森林法の一部改正で、林業普及指導員の事務に市町村森林整備計画の作成・達成への協力が追加され、また市町村長は市町村森林整備計画策定にあたって学識経験者の意見を聴くこととし、フォレスターが市町村森林計画の策定・実行監理に関与する仕組みを設けた。なお、2012年から2年間は当面の措置として、林業普及指導員のほか国有林職員などを対象として、研修を行うことによって准フォレスターとして上記業務を行うこととした。2013年には森林法施行規則の一部が改正され、林業普及指導員資格試験を林業一般と地域森林総合監理の二つに分け、後者を日本型フォレスターに関わる資格試験として位置付けた。このほか、提案型集約化施業を担う者として森林施業プランナー育成の強化を行うこととした。

森林・林業再生プランと政策への評価

　以上のような森林政策の改革についての評価はどのようなものであったか、主として森林計画制度など森林管理に関わるものについてみてみよう。

　研究者を中心にして出された論点についてみると、以下のようであった。

　第1に指摘されたのは、自伐林家の位置付けの低さであった。佐藤はセンサス分析をもとに、素材生産量の約3割を家族経営的林業が占めているとし、森林経営計画を中心とした改革が自伐林家を軽視しているとして批判した[5]。森林・林業再生プランは、意欲のある事業者による集約的施業を進め、低コストでの木材供給の増大を狙ったが、これを産業政策へ強く傾斜し、地域政策視点を軽視したものと批判し、自伐林家の正当な位置付けや、山村活性化という地域視点を組み込む必要性を主張した。

　第2に、経営主体の不在の問題である。志賀は、スイスと比較しつつ、スイスでは公有林を基盤とする森林経営組織に対して私有林所有者の施業委託が行われているが、日本の森林施業計画・経営計画の場合は森林組合との間に経営受託契約を結んでも実際の経営権を委譲しているわけではなく、経営の実態が伴っていないことを指摘した[6]。

　第3は、改革を進めるための体制に関するもので、市町村の森林行政体制の脆弱さや、林業に関わる専門的人材の不足が問題として指摘された[7]。これは本改革の検討過程でも問題とされたが、志賀は現在の林業技術者育成に関わって、経営責任や地域における当事者意識が欠落していること、森林行政組織が市民的な公共性の担い手として位置付けられていないという、より根本的な批判を行っている[8]。

　第4は、政策形成過程に関してであり、新たな森林政策の方向を議論するための十分な検討が行われなかったことである。相川は、世界各国で策定が進んでいる国家森林プログラムの策定に求められている要件を参照しつつ、広く意見を聴取する機会の欠如、森林・林業分野以外のセクターとの連携の不在、長期的な PDCA サイクルによる順応型アプローチの欠如などの点で国際的な要求水準を満たしていないとし、議論の進め方の見直しを進める必要があることを指摘した[9]。

　国民森林会議もプランの評価を行うとともに今後の課題を提示した[10]。集

約化に向けた手段を講じたことや技術者育成を重視した点などを評価しつ
つ、森づくりに関するビジョンを欠いていること、森林の3区分を廃止しつ
つそれに代わるビジョンを示していないことを問題として指摘した。そし
て、実践に向けての注意点として、意欲的な小規模事業体や自伐的林家への
配慮、人材育成を本来的な技術者育成へと強化すべき点を挙げた。

　このほか、日本森林技術協会が森林・林業再生プランに対するアンケート
を会員に対して行い、その結果を當山がまとめている[11]。『森林技術』誌上
で森林・林業基本政策検討委員会の最終とりまとめや2011年度予算案に関
わる情報を提供したうえで、アンケート回答を求めたもので、有効回答数は
1,229であった。『森林技術』誌の当時の読者は約6,000名であり、回答率は
約20％であった。

　森林・林業再生プランによって森林・林業の再生が進むかという問いに関
しては、大いに期待できる5.1％、期待できるが43.1％であったのに対して、
あまり期待できないが32.6％、期待できないが9.1％となっており、拮抗し
ていた。また、森林のゾーニングについては、これまでより適切が19.9％、
現在の3区分でよいが12.7％、公益林と経済林というようなもっと大まかな
ものでよいが29.9％、保安林制度がありそもそもゾーニングは必要がないが
22.1％となり、意見は大きく割れた。

　実効性ある市町村森林整備計画作成のために特に重要と考える作成体制・
作成手法は何かという問いでは、作成手法に関しては市町村の主体性の強化
が36.0％で最も高く、都道府県・フォレスターによる支援が21.5％、森林組
合の協力18.0％、計画案作成の民間への委託が14.3％と続いており、市町村
自身の強化を上げるものが多かった。作成手法については、機能に応じた森
林整備目標と望ましい施業の具体化36.0％、森林GIS等の情報処理手段の
整備34.7％、木材生産などについて現地に即した収支計算ができる手法開発
32.8％、森林簿など既存の情報の集積と公開30.7％、森林の取り扱いに対す
る科学的知見20.2％となっており、森林情報・管理手法の未整備、機能に応
じた目標林形や施業方法が確立されていないことを反映した結果になった。
記述解答欄において頻出した論点は、第1に再生プランや市町村森林整備計
画の方針決定・実行における検討そのものや検討時間の不足、第2に一般の

205

市民や森林・林業関係者へ広く新政策を浸透させる活動や住民参加の不足、第3に過去の施策の総括や反省の欠如、実現性の説得力不足などとなっていた。

　以上のような評価や検討過程で現れた「限界」を総括すると以下のようになる。第1に、本改革は抜本改革といいつつも、検討過程においても内容においても抜本的といえるものではなく、第2にこれまでの政策とその効果のレビュー、地域の特性を踏まえた検討が行われていなかった。また、第3に、市町村を主体に据えるという現在の森林行政執行体制を考えると無理がかかった制度設計をせざるをえず、フォレスター制度など人材育成にもひずみがかかっているなどの問題を抱えた。第4に、人工林の目標林型や多面的機能の発揮や生物多様性保全に配慮した施業のあり方が明確になっていないなど、森林の将来像を示すことができなかった。

第2節　森林・林業再生プランの実行状況

　本節では、森林・林業再生プランの実行状況について森林計画・森林管理関係を中心にみていきたい。最初に市町村の森林行政執行体制について北海道で行ったアンケート調査をもとに述べる。これまでも市町村における森林行政執行体制の脆弱性について指摘したが、プランにおいて市町村の役割がより重視された現段階で、改めてその状況を確認する。そのうえで、フォレスター制度の展開と課題、さらに改革後の市町村森林整備計画および森林経営計画の策定・実行状況について述べることとしたい。

市町村における森林行政執行体制の現状
　森林・林業再生プランに基づく改革を進めるためには、市町村に対してどのような支援が必要なのかを明らかにすることを目的として、2011年1月に北海道大学と北海道水産林務部が共同で北海道内全市町村に対してアンケート調査を行った。このアンケートをもとに市町村森林行政の現状について簡単にまとめておこう[12]。

全道 179 市町村のうち 173 市町村から回答を得た。市町村の森林行政の執行体制をみると、1 市町村あたりの平均専任職員 1.2 人、高校・大学で林学関係の専門教育を受けた職員の比率は 7.5%、林務担当経験年数が 2 年以下の職員の比率 48.5% などとなっており、専門性確保に問題があることが確認された。ほとんどの市町村が組織体制に「課題がある」としており、具体的な課題として「専門的な対応が困難」とした市町村が 127、「事務量の増大」を挙げた市町村が 113 だった。

　森林計画関連業務の遂行についても、多くの市町村が問題を抱えていた。伐採・造林の届出制の運用に課題があると答えた市町村は 158、森林施業計画制度の認定事務に関わって課題があるとした市町村は 135 にのぼった。市町村森林整備計画を遵守していない施業が行われた場合に、市町村長が施業の勧告や命令を行う制度があるが、実際には全道的にほとんど行われていないことから、その理由を尋ねたところ「専門職員がおらず判断が困難」を選択した市町村が 72、「相手方の反発を懸念して指導で対応」とした市町村が 50 であった。また要間伐森林の指定が進んでいない理由として「現地確認が困難」とした市町村が 92 と 5 割を超え、「森林所有者の理解が得られない」を選択した市町村も 90 とほぼ同数であった。施業コントロールを改善するための制度改正が行われてきたが、市町村の現場ではその活用ができるよう状況ではなかったのである。

　市町村森林整備計画を策定する基本方針については、「独自性を発揮したいので道などの指導は最低限に」とした市町村は 14 で、「独自性を発揮したいが市町村では対応が難しいので道などの支援を期待」する市町村が 126 となっていた。森林のゾーニングについて「できるだけ独自性を打ちだしたい」とする市町村は 16 にとどまり、「分からない・判断できない」79 市町村、「国・道の例示にならう」72 市町村となっていた。

　フォレスター制度に対しては、「期待したい」とした市町村が 90、「わからない・現時点で判断できない」が 62 市町村、「市町村が独自に育成すべき」とした市町村が 9 あった。期待したいと応えた市町村に、フォレスターに支援してもらいたい業務内容を尋ねたところ、「森林経営計画の作成指導・認定」が 28 市町村、「市町村森林林整備計画の策定」が 24 市町村であった。

今後の森林行政のあり方について考えを聞いたところ、「市町村と道が共同・連携して対応する」が多数を占め、「複数市町村が広域連合などを設置して対応する」、「他の市町村への委託」といった市町村間協力を選択した市町村は少なかった。道との連携についても、「協定締結」や「職員の派遣」といった強い連携を望むものは少なく、「必要に応じ随時協力・連携」、あるいは「研修・個別指導強化」など現在の延長線上での協力を望んでいる市町村が多かった。

　以上のように、市町村全体として森林行政執行体制に大きな課題を抱えており、新たな制度の下での市町村森林整備計画の策定についても積極的ではなかった。また、道からの支援を多くの市町村が求めつつも、深い介入を望んでもいなかった。市町村は一般的には森林行政の独自展開をするまでの関心を持っておらず、支援を受けるにあたっても森林行政の円滑な遂行と市町村の自主性確保との間で揺れ動いているさまがみてとれる。

日本型フォレスターの育成

　前述のように、市町村森林行政を支援するために都道府県普及職員等を日本型フォレスターとして育成することとしたが、まずは経過措置として２週間程度の研修を受けたものを准フォレスターとして認定し、この業務に充てることとし、2013 年には林業普及指導員資格試験に森林総合監理士の区分を設け、この合格者を登録して市町村への支援を行うこととした。2018 年３月までに 1,169 名が登録された。

　日本型フォレスターの活動は、市町村林整備計画策定・実行の支援、伐採届出処理などの森林行政事務の支援、森林経営計画認定の支援のほか、人材育成や木材利用拡大など地域の林業活性化に関わる多様な分野にわたり、その活動内容は地域によって多様である[13]。北海道では、森林法改正に伴う市町村森林整備計画の一斉変更に合わせて、市町村の意向に基づいて地域ごとに市町村森林整備計画策定チームを設置し、フォレスターがコーディネート役となって道庁が組織的に他のステークホルダーを巻き込みつつ計画策定支援の取り組みを行った。策定後は実行監理チームへと移行し、策定した計画の実行の支援を行う仕組みを整えた[14]。

日本型フォレスターの活動状況については、発足して日が浅いこともあって、事例の紹介は行われているもの、その評価はほとんど行われていない。実態調査に基づく数少ない評価として市町村森林整備計画一斉変更時の北海道における准フォレスターの活動を対象とした平野の研究がある[15]。この中で、准フォレスターが市町村森林整備計画策定チームの人選の助言、チーム内合意形成の支援、計画内容への助言、地域住民との合意形成の働きかけなどで一定の役割を果たしつつも、以下のような問題があることを指摘した。第1に、准フォレスター業務の具体的なイメージが定まっていないため、准フォレスターが先頭に立って主体的に特徴ある活動を企画・実施した地域はわずかであった。第2に、普及指導職員としての他業務があるため計画策定にかけられる時間が限られ、道が最終的に計画の枠組みを提供したこともあって、計画に独自性を持たせることは難しかった。第3に、林業普及指導員は数年で異動することが避けられないため、地域に根差した活動を行うことが困難と認識する者も少なからず存在した。

このほか、大石らが2011・2012年度の准フォレスター研修受講生に対する活動状況のアンケート調査を行っている[16]。調査結果によれば、市町村森林整備計画に関わる活動成果としては、市町村担当者と県のつながりができた、市町村の体制や担当者の能力が把握できたとする者が約5割を占めていたが、市町村森林整備計画の進捗状況の把握や次期計画樹立に向けた検討が適切になされたとする者は2割以下、マスタープラン化がなされたとする者は1割未満であった。活動内容は、市町村森林整備計画の一斉変更への支援から森林経営計画の策定への支援へと変化していることが明らかになっている。

後述するように、森林法改正後の市町村森林整備計画の内容をみても、地域の独自性を発揮した計画はほとんど策定されておらず、少くとも森林整備計画策定に関しては、日本型フォレスター育成の効果は目に見える形ではほとんど表れていない。前述のように、市町村行政に直接的な権限を持たないフォレスターが支援するというねじれた仕組みの中で、どのようにフォレスターの活動のモデルをつくっていくのかという課題が残されている[17]。

森林施業プランナーの育成

施業の集約化に関しては、森林施業プランナーの育成が進められている。京都府日吉町で始まった提案型集約化施業の重要性が認識され、2007年より林野庁が提案型集約化施業を進めるための研修制度をスタートさせた。このような施業を進める者を森林施業プランナーと称し、「路網設計や間伐方法等の森林施業の方針、利用間伐等の施業の事業収支を示した施業提案書を作成し、それを森林所有者に提示して合意形成と森林施業の集約化ができるもの」[18] としている。プランナー研修は開催主体や内容を変えつつ、現在も継続して行われているほか、研修終了者と経営管理者が一緒に参加して組織的に提案型集約化施業に取り組むステップアップ研修も2009年から行われている。

2012年には森林施業プランナー協会が創設され、一定以上の水準の知識・技能を有する森林施業プランナーを認定する仕組みがつくられた。2017年4月1日現在で1,725名が認定プランナーとして登録されている。

プランナーの活動状況についても、フォレスターと同様に、事例の紹介や成功事例の共有などはされているものの、全体的な評価は行われていない。研修受講生に対するアンケート調査があるので、これをもとに研修の効果を簡単にまとめておきたい[19]。アンケート結果によれば、研修による学習の理解度は総じて高く、「よく理解できた」と「ある程度理解できた」を合わせると70%を越えていた。研修を踏まえた集約化の進捗度についての自己評価では、「よく進んでいる」26.3%、「多少進んでいる」44.8%と、ある程度集約化につながっていることが示された。

一方で研修受講がそのまま集約化の取り組みにつながるわけではなく、受講生の研修成果の現場への転移、受講生が所属する組織が組織的に集約化に取り組みプランナーを支援すること、さらに行政機関など外部組織のサポートが重要であることも指摘されている[20]。

後述する森林経営計画の策定状況にみるように、集約化は必ずしも順調に進展しているとはいえない。現場で生じている課題を把握・分析して、次の人材育成のための仕組みの改善や、研修生を支える仕組みの構築を進めていくことが重要になっている。

第9章　森林・林業再生プラン以降の動向

市町村森林整備計画の策定状況

　森林・林業再生プランの検討を通じて市町村森林整備計画のマスタープラン化が改革の一つの焦点となったが、実際に策定された整備計画はどのようなものであっただろうか。

　一斉変更直後の北海道内における森林整備計画の策定状況の研究によれば[21]、地域の独自性を前面に出した計画を策定した市町村は例外的であり、これら市町村は以前から行っていた独自の政策展開を反映させていた。厚岸町などでは水産資源保全のため河畔域の保全を重要な課題として道の上乗せゾーニングを活用して河畔域保全を行い、ブナの保全に取り組んできた黒松内町はブナ林再生のために生物多様性保全に関わる上乗せゾーニングを設定したが、いずれもこれまでの取り組みを計画に反映したものであった。逆に言えば、一斉変更をきっかけとして新たな森林のゾーニング等に取り組んだ市町村は皆無であった。

　ほとんどの市町村において従来とあまり変化がない要因としては、第1に、前述したように市町村の体制の脆弱さがあげられる。道がフォレスターなどによる支援体制を構築したものの、短期間でフォレスターの育成が進むわけではなく、従来の道による市町村行政の支援を大きく超えるものではなかった。第2には、全国森林計画や地域森林計画で森林のゾーニングが示され、また道の指導としてこうしたゾーニングが下ろされてきたことが指摘できる。

　一方、独自の計画策定によって森林のコントロールを試みている自治体も存在する。例えば、北海道東部に位置する標津町は水産業が活発な地域で、水産資源保全のための流域の保全に力を入れてきた。同町は知床世界遺産にも隣接し、生物多様性保全も重要な課題となっている。こうした中で、地域の森林管理の中でも河畔域保全が重要な課題となり、図2に示したように、市町村森林整備計画において河川沿いに緩衝林帯を設定して伐採を行わないルールを設定した。具体的には立木竹の伐採に関する事項・立木の伐採（主伐）にかかる残地林帯の取り扱い項目に「…水辺林の伐採にあたっては…原則、段丘肩の部分から20〜30m以上残すこととする」との規定を盛り込んだ。また、ルールを設定しただけではなく、緩衝林帯を含めて計画されてい

211

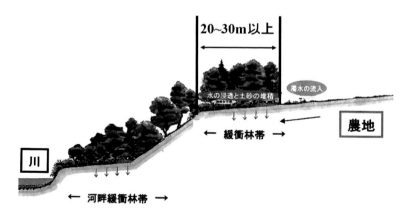

図2　標津町で設定されている河畔緩衝林帯（図提供：鈴木晴彦氏）

● **事　例**（平成20年度、K地区、伐採面積0.44ha、保護区域面積0.16ha）

図3　標津町で伐採届け出が出された森林に指導によって保護区域を設定した事例（写真提供：鈴木春彦氏）

る伐採届出に対しては、粘り強く説得して、伐採対象から外してもらう努力を重ね、河畔域に緩衝林帯を設けて基本的に手をつけないというルールが町内で共有されるようになってきた。

　市町村森林整備計画には書き込まない形で施業のコントロールを行おうとしている自治体もある。南富良野町では2011年に森林・林業マスタープランを策定し、地域の森林の多面的な機能の発揮・保全を行いつつ、地域林業の活性化を図ろうとしたが、絶滅危惧種であるイトウの道内有数の個体群を町内に持つことから、イトウを守る森づくりも重要課題とした。具体的に

は、特に配慮を要する上流部分とそれ以外の下流部分に分けて、それぞれに施業上の配慮のガイドラインを示した。南富良野町ではこれを市町村森林整備計画に書き込むことはせずに、土地所有者との合意を図りながら「ソフト」に地域に浸透させようとしている。

標津町・南富良野町の取り組みで重要な点は、第1に両町ともにルールを策定し徹底させるための人材を配置したことである。標津町では、森林科学科の修士卒の専門職員がルールの設定から運用までを担った。南富良野町では、イトウの専門家を学芸員として雇用しており、この専門家が産卵場所を毎年調査して地図上に落とし、施業上特に注意すべきところはどこかをはっきりさせ、所有者との協議を行いながら河畔近接域での作業方法を決めている。第2に、地域において河畔域保全やイトウの保全に関わる地域的な合意や運動があり、ルールづくりを支えていた点である。

このほか、岐阜県の郡上市では多様な主体によって構成される郡上市森林づくり推進会議を設置し、森林づくりのマスタープランとして「郡上山づくり構想」を策定した。この構想は森づくりの基本的な方向性や考え方を示したものであるが、構想策定後に明らかになった大型製材工場の進出計画を受けて、森林づくり推進会議からの提言という形で、皆伐施業の注意事項をガイドラインとしてとりまとめて周知している。また、皆伐ガイドラインの効力を高めるために、地域の素材生産業者を中心に郡上市素材生産技術協議会が設立され、ガイドラインの遵守を呼びかけるなど協働体制の構築が進められた。こうした取り組みを可能とさせた条件としては、県との人事交流を通した市の森林行政能力の向上、森林づくり推進会議に参加した市民の活発な活動が挙げられる[22]。

以上のように、独自の森林計画を策定している自治体は専門的職員の確保、地域合意の形成を行い、時間をかけて計画の策定を行うとともに実行体制を確保している。こうした点で、地域森林計画策定を受けて市町村森林整備計画を策定するという厳しい時間的制約がある通常の計画サイクルの中では、独自性の発揮や施業コントロールの実を上げるのは困難であることが指摘できる。

森林経営計画の策定状況

　森林経営計画制度については、当初より林班単位での集約化は認定条件が厳しく、計画を策定することが困難であるといった声が地域から上がってきていた。これに対しては、政権交代もあって、2014年には、現場の実態に合わせ、林班にこだわらずに一定の区域内で30ha以上を確保すれば認定できるように条件が変更された。

　森林経営計画の策定状況をみると、2017年3月末現在の全国での認定面積は518万ha、認定率は30%となっている。進捗状況については地域によって大きな差があり、もともと森林施業計画の樹立率が高く、森林経営計画への更新を道庁が組織的に主導してきた北海道では2014年末までに認定率が70%に達している一方で、認定率が10%に満たない県も存在する。

　森林経営計画への移行によって集約化施業が実際にどの程度進んだのか、コスト低下にどれだけ効果があったのかについては、まだほとんど分析が行われていない。ただ、いくつかの事例からみる限り、経営計画の策定によって集約化が進展するという直線的な関係にはないことがうかがえる。

　文科省の中核的人材育成プログラム策定事業の一環として北海道内で行った調査によれば、調査対象となった森林組合はおおむね既存の森林施業計画をもとにして森林経営計画に移行し、計画の単位面積も数百haから大きなものでは1,000haを超えるものもあった。集約化のインセンティブとして働いているのは補助金であり、補助金交付基準として5ha以上の集約化が設定されているため、これを満たすための集約化を進めているが、所有規模が大きな北海道の場合5haをクリアすることはそれほど困難ではない地域が多い。集約化によるコスト低下を実現しようとする場合、20ha程度のまとまりをもって施業を進める必要があるが[23]、5haをクリアしたうえで、さらにこの規模をめざそうとしている地域は少ないのが現状であった。一方、経営計画の認定基準として間伐の下限量が定められ、直接支払い制度発足当初は搬出間伐を対象としたことから、搬出間伐を推進する役割は果たしたといえよう。

　森林経営計画は、天然林も含めて多面的機能を発揮する森林の経営の基本的な計画とすることも政策意図に含まれていたが、これは市町村森林整備計

画で規定するゾーニングや施業方針を踏まえて実現されることとなっていた。しかし、市町村森林整備計画がこれまでと大きく変化していない中で、森林経営計画によって現場施業レベルに環境配慮が組み込まれるといったことはほとんど生じていない。

　以上のように、森林経営計画はこれまでの森林施業計画と同様、間伐推進など、補助金を組み合わせて施業の実施に向けて「動員」をかけるといった点では成果を上げているが、単発的な施業を越えた「森林経営」の確立への道を進んでいるかについては、少なくとも現状では肯定的な評価は下せない。

第3節　森林・林業基本計画の変遷[24]

　さて、これまで森林管理政策の展開について制度面を中心としてみてきたが、今後の森林管理政策の展開を考えるうえでは、制度のみではなく、現在の林野庁の政策展開の立ち位置をみておくことが重要である。そこで、ここでは森林・林業基本法で策定が定められた森林・林業基本計画に着目したい。森林・林業基本計画は森林・林業施策の総合的かつ計画的な推進を図るために策定されるものであり、計画内容の変遷をみることで森林・林業基本法成立以降の国の政策の基本方針を確認するとともに、問題点について指摘したい。

計画記載内容の変化

　森林・林業基本法に基づく森林・林業基本計画は、2001年、2006年、2011年、2016年と策定されてきているが、2011年以降は林業再生・林業の成長産業化に強く牽引された内容になってきている。

　四つの計画の施策部分の目次構成を見たものが表21である。まず気づくのは森林の有する多面的機能に関する施策（以下、多面的施策）の内容が大きく変化していることである。補助金などを通して国がコントロールしやすい森林の整備に関する部分が政策課題を受けて変化してきているということ

表 21 森林・林業基本計画の森林の多面的機能の発揮及び林業の発展に関する施策の目次構成

	平成 13 年 10 月 森林・林業基本計画	平成 18 年 9 月 森林・林業基本計画	平成 23 年 7 月 森林・林業基本計画	平成 28 年 5 月 森林・林業基本計画
森林の有する多面的機能の発揮に関する施策	(1) 森林の整備の推進 (2) 森林の保全の確保 (3) 技術の開発及び普及 (4) 山村地域における定住の促進 (5) 国民等の自発的な活動の推進 (6) 都市と山村の交流など (7) 国際的な協調および貢献	(1) 多様で健全な森林への誘導に向けた効率的・効果的な整備 (2) 国土の保全などの推進 (3) 技術の開発及び普及 (4) 森林を支える山村の活性化 (5) 国民参加の森林づくりと森林の多様な利用の推進 (6) 国際的な協調および貢献	(1) 面的なまとまりをもった森林経営の確立 (2) 多様で健全な森林への誘導 (3) 地球温暖化防止策および適応策の推進 (4) 国土の保全等の推進 (5) 森林・林業の再生に向けた研究、技術の開発及び普及 (6) 森林を支える山村の振興 (7) 社会的コスト負担の理解の促進 (8) 国民参加の森林づくりと森林の多様な利用の推進 (9) 国際的な協調及び貢献	(1) 面的なまとまりをもった森林経営の確立 (2) 再造林などによる適切な更新の確保 (3) 適切な間伐等の実施 (4) 路網整備の推進 (5) 多様で健全な森林への誘導 (6) 地球温暖化防止策および適応策の推進 (7) 国土の保全等の推進 (8) 研究・技術開発及びその普及 (9) 山村の振興・地方創生への寄与 (10) 社会的コスト負担と森林づくりと森林の理解と促進 (11) 国民参加の森林づくりの推進 (12) 国際的な協調及び貢献
林業の持続的かつ健全な発展に関する施策	(1) 望ましい林業構造の確立 (2) 人材の育成及び確保 (3) 林業労働に関する施策 (4) 林業生産組織の活動の促進 (5) 林業災害による損失の補てん	(1) 望ましい林業構造の確立 (2) 人材の育成及び確保 (3) 林業生産組織の活動の促進 (4) 林業災害による損失の補てん	(1) 望ましい林業構造の確立 (2) 人材の育成・確保等 (3) 林業災害による損失の補てん	(1) 望ましい林業構造の確立 (2) 人材の育成・確保等 (3) 林業災害による損失の補てん

ができよう。

　2001年・2006年計画では森林整備を施策の冒頭に置いた構成となっており、森林・林業基本法において多面的機能の発揮が主要課題に位置付けられたことを反映していた。ところが2011年計画においては森林・林業再生プラン、森林法改正による森林経営計画の導入を受けて、「面的なまとまりをもった森林経営の確立」が冒頭におかれ、マスタープランである市町村森林整備計画を地域主導で策定したうえで、森林経営計画に基づく施業の集約化による推進を図るとした。そしてこれに引き続いて「多様で健全な森林への誘導」が項目立てされた。

　2016年計画は、冒頭に「面的なまとまりをもった森林経営の確立」を項目立てしていることは2011年計画から変化はないが、その内容は、森林施業及び林地の集約化及び森林関連情報の整備・提供ともっぱら施業集約化のみに焦点が当てられている。この後、再造林等による適切な更新の確保、適切な間伐などの実施、路網整備の推進という項目が続き、第5でやっと多様で健全な森林への誘導が項目立てされている。このように、2016年計画における「多面的施策」は木材生産推進施策ともみえるような項目が前半部分を占めている。特に「面的なまとまりを持った森林経営の確立」について、2011年計画と対比すると、森林計画体系全体の中での位置付けの記載がなくなったため、森林の多面的機能発揮に関する施策であることがわかりにくくなっている。

　多面的施策以外の施策でも林業の成長産業化が強く意識されている。例えば「山村の振興・地方創生への寄与」について、それまでの計画では特用林産物の振興への取り組みなどを中心に叙述されていたが、2016年計画においては「林業および木材産業の成長発展なくして山村における地方創生を図ることは困難である」として、林業の成長産業化と山村の振興を直接的に結びつけた。

　以上のように、森林・林業基本法成立後の基本計画は、当初は公益的機能重視への林政の転換を反映した構成となっていたが、再生プラン以降は林業生産活性化への傾斜を強くし、2016年計画では計画全体に林業の成長産業化が埋め込まれている。林業が成長産業化すればほとんどの計画項目がうま

く進むという論理構成をとり、予定調和論が本格的に復活しているようにみえる。

問題点が表面化した2016年計画

　2016年計画において予定調和論が復活しているのは、そもそも森林・林業基本法自体に予定調和論が埋め込まれていたためである。森林・林業基本法の論理構成は、第2条で森林の有する多面的機能発揮の重要性を述べ、第3条で林業が多面的機能発揮に重要な役割を果たしているのでその持続的発展が必要としており、これを踏まえて第3章と第4章でそれぞれに講ずべき政策の方向性を述べている。基本計画もこの構成を踏まえた目次構成となっており、2006年計画までは「多面的施策」と「林業施策」のすみわけがうまくいっていた。しかし、2011年計画から施業集約化、さらに2016年計画から林業の成長産業化が焦点となる中で、これに関連する施策が「多面的施策」に入り込み、しかも集約化と多面的機能発揮の関係性も記載されず、「多面的施策」が林業振興政策の一部のようにみえる事態が生じた。一方で、林業振興施策が、「林業施策」と「多面的施策」それぞれに分断して記載される形になり、施策の記述としてまとまりを欠くこととなった。

　森林・林業基本法自体が林業行為によって公益的機能を支えるという論理構成をもっていたが、多面的機能重視のもとで基本計画の記載の中では隠れていた。しかし林業再生の見直しの中で、改めてこの論理が前面に出てきて、予定調和論が計画全体に色濃く表れ、多面的機能発揮の影が薄れた計画構成へと転換し、基本計画の内容自体がいびつでわかりにくい構成となった。

　2016年計画に関してもう一点指摘したいのは、「基本計画」の安定性の問題である。これまでみてきたように、比較的短期間のうちに計画内容が大きく転換してきているが、一方で基本計画に記載されているめざすべき森林資源の状況や基本数値は大きくは変化していない。政策が大きく転換してきているようにみえるが、めざすべき資源の状況に変化がないということは、政策の力点が変わっているだけと読むこともできる。日本の森林政策において、森林・林業基本計画を超える基本構想やビジョンを示す計画はなく、そ

うした点で基本計画は森林政策の基本ともいうべき計画である。しかし、上述のように短期間のうちに内容が大きく変化したことは、基本計画が持つべき安定性を欠如しているようにみえる。

このことは基本計画の計画期間がはっきりしていないという問題とも関連する。いずれの基本計画にも、20年程度を見通して定めるが、情勢の変化を踏まえておおむね5年ごとに見直すとの記載がある。しかし、「いつごろまでにその施策の目標をどのくらい達成するのか」といった記載がほとんどないため、施策がどの程度の計画期間を想定しているのかがわかりにくい。本計画は国民全体に示された森林・林業政策の基本を示す文書であるが、上述のような基本法の論理構成と現実の政策展開の乖離から計画内容の整合性等の問題が生じ、さらに計画期間の不明確さから、わかりにくい計画となっている。森林・林業関係者だけではなく、広く国民に今後の森林政策の方向性を示す文書としてこうした状況は適切なものとは思われない。森林・林業基本法の改正も含めて検討しない限り、この問題は解決できないように思われる。

第4節　水資源保全に関わる動き

2010年前後から外資が水資源を狙って森林の買収を行っていることがセンセーショナルに喧伝され、外資による土地取得規制が主張されるようになってきた。これを一つのきっかけとして水源地域の保全に関わる取り組みが自治体で始められているほか、2012年森林法改正において新規所有の届出が義務付けられた。そこで本節では水資源保全に関わる動きについて、特に自治体による土地所有・利用コントロールに焦点を当ててみておきたい。

「奪われる日本の森」？

外資による森林取得、水資源の危機が大きな注目を集めるようになったのは『奪われる日本の森―外資が水資源を狙っている』が出版されたことが大きなきっかけであった[25]。本書の内容を簡単にまとめると、以下のようであ

る。外資による森林買収の動きが活発化してきており、その動機の一つは地下水などを狙った水資源確保のためである。日本では外資による土地取得を規制するルールがなく、土地所有権の力が強いため、外資によって国土が独占される恐れがある。このため、地籍の確定や林地市場の公開、売買の規制などの措置が必要であると主張した。中国・韓国などを対象とした排外的なナショナリズムが高揚しつつある時期でもあったため、本書は社会的な注目を集め、メディアなどでも外資による森林取得の問題をあおる報道がみられた。

しかし、林野庁の調査によれば、2006 年から 2012 年までに外国法人または外国人によるとみられる森林取得は 68 件、801ha に過ぎない。その多くは北海道であり、ニセコ・倶知安周辺などリゾート関連と推測される件数の比率が高かった。実態として外資による森林取得の危機は存在していないのであり、水資源を目的とした取得もこれまでは存在していない。また、外資が水源地域の土地を取得したとしても、水利権が取得できるわけでもない。地下水の採取が懸念されるといっても、これまで地下水のくみ上げによる地盤沈下や水循環を機能不全に陥らせるといった問題を全国各地で引き起こしてきたのは日本人自身であった[26]。外資による森林取得は、適切にその利用を行う限りにおいて問題を生じるものではなく、むしろニセコ周辺地域にみられるように投資を通じて地域活性化に貢献することもある。こうした点で、外資による森林取得そのものを「悪者」とすることは問題といえる。

一方、外資による森林取得が問題化される過程で、森林所有者を適切に把握する仕組みがなく、水源地域において保全の対策を講じようとしても所有者が不明で働きかけができない場合があることが解決すべき問題として認識された。また、水源地域に存在する森林が保安林に指定されていない限り、現状では施業規制が十分働かず、水源域の保全が十分図れない可能性があることも課題であった。

こうしたことから、市町村では北海道ニセコ町、都道府県では北海道を嚆矢として水資源保全の条例策定が進み、北海道以外に 10 県で条例が制定されている。ここではニセコ町と北海道を事例に水資源保全の取り組みについてみてみよう。

220

第9章　森林・林業再生プラン以降の動向

ニセコ町の水道水源保全条例

　2011年4月に制定されたニセコ町の「水道水源保全条例」は、町民の水道に係る水質の汚濁を防止し、水環境の保全と生命の源となる水源の保護を行うことにより、自然ゆたかな水環境と安全で良質な水を確保するとともに、良好な水環境を将来の世代に引き継ぐことを目的としている。町長は水源保護のために水源保護地域を指定できるとし、指定地域内において協議対象施設（給排水を利用する施設、土石採取施設、産業廃棄物処理・保管施設、水質汚濁防止法に定める特定施設）を設置しようとする事業者に対して町長との協議を求めるとともに、規制対象施設（協議施設のうち水道水質を汚染するおそれのある施設、水道の水量に影響を及ぼすおそれのある施設、水源涵養となる樹木の伐採が必要となる施設、取水を目的として水源の枯渇を招く恐れがある施設）の設置を禁止することとした。協議に際しては、関係住民への説明会の開催を求め、必要な場合には町長は助言・指導ができるとした。なお、ニセコ町では同時に「地下水保全条例」も制定し、地下水の取水について、揚水機の吐出口の面積が8cm^{2}を超える井戸の掘削については許可制、それ以下のものついては届出制を導入した。

　以上のように、ニセコ町では水源に保護地域を設定して土地利用規制をかけ、一定規模以上の地下水取水についても許可制とし、財産権の制限に踏み込んだ内容を持った条例を定めた。このような条例が制定できた背景としては、ニセコ町において住民参加型のまちづくりを進め、環境保全に関する積極的な取り組みを行ってきた蓄積があること、町長のリーダーシップが発揮されたことが指摘できる。

北海道の水資源保全条例

　一方、2012年3月に制定された「北海道水資源保全条例」は、土地利用規制には踏み込まず、土地取引の事前届出制を導入した。

　本条例は、水資源の保全について基本理念を定めるとともに、道をはじめとする各主体の責務、道の施策の基本事項、水源周辺における適切な土地利用の確保などの事項を定めることで水資源の保全に関する施策を総合的に推進することとし、道民の健康で文化的な生活の確保に寄与することを目的と

している。施策の基本方針として、森林の持つ水源涵養機能の維持増進、安全安心な水資源の確保に向けた取り組みの推進、道民の理解の促進、水資源の保全のための適正な土地利用の確保を総合的に推進するとしているが、本条例の力点は最後の適正な土地利用確保におかれているので、これについてみておきたい。

　まず、知事は水資源保全地域に関わる適正な土地利用の確保に関する基本的な指針を策定する。基本指針に沿って、市町村長からの提案に基づき、水資源の保全のために特に適正な土地利用を図る必要がある場所を水資源保全地域として指定し、水資源保全地域ごとに地域別指針（指定の区域に関する基本的事項及び土地所有者などが配慮すべき事項）を定める。道は市町村と連携して、水資源保全地域内の土地所有者に基本指針及び地域別指針の周知に努め、土地所有者に対しては土地利用にあたってこれら指針に配慮することを求める。また、水資源保全地域内の土地について、所有権・地上権を有する者が権利の移転・設定を行う際には、契約を締結する日の3か月前までに当事者の氏名・住所や権利移転後の土地利用目的などを知事に届出ることを義務付けた。知事は指針や関係市町村長の意見を勘案して、必要があると認める場合には届出をした者に対して助言を行うことができる。

　このように北海道は市町村との連携によって水資源保全地域の指定を行い、指定地域内での土地利用への配慮を所有者に求めるとともに、権利移転を事前に把握することで不測の事態を回避し、必要な対応をとれるようにしている。広大な面積を有する北海道では地域によって水源地域の置かれている状況が大きく異なり、一律な規制措置を講じることは困難であることから、土地所有の移転を事前に把握し、必要な措置を事前に講じることを可能とする制度を導入したのである。また、土地利用規制などより厳しい規制を必要と考える市町村は独自の条例をさらに制定するという途があり、道に先駆けて制定しているニセコ町のほか、道条例制定後も京極町などが土地利用規制を含んだ水資源保護条例を制定している。

水循環基本法の制定

　上述のように自治体の取り組みが進む中で、2014年4月には国も水循環基本法を制定した。

河川や地下水の水量・水質に関わる問題は以前より指摘されており、地表水と地下水を一体として扱う水制度の必要性が議論されてきたが、2007年には「水制度改革推進市民フォーラム」が発足、さらに2008年には「水制度改革国民会議」が設立されて水制度の改革を訴えた。これを受けて超党派の国会議員が上記国民会議に合流し、「水循環基本法研究会」を設立し、水循環政策大綱案及び水循環基本法要綱案を2009年に発表した[27]。

この要綱案の特徴は、水循環型社会の形成に関する統合的水管理政策を総合的・計画的に推進することを基本として、地表水および地下水を公共水と規定し、流域圏において統合的に管理するとしたことであった。具体的な施策として、河道で処理する従来の治水から流域全体で洪水対策を行う流域治水への転換、河川と森林の統合的管理の推進、所有者以外による森林管理、水源地域の土地の外国資本への売却禁止といった方向性を打ち出した。以上を達成するために、流域を構成する地方公共団体によって流域連合を設置することとし、内閣府の外局として水循環庁を設置し、水循環に関する行政組織を統合するという案も示した。

要綱案は既存の省庁の政策分野を抜本的に改革しつつ横断的に統合しようとし、水利権の再編も視野に入れた極めて意欲的な内容を持っていた。また、外資による森林買収が問題化されてきたことから、外資を狙い撃ちする内容も組み込まれていた。関係省庁の政策分野に大きく足を踏み込み、水利権など既存の権利に影響を及ぼす提案だっただけに、省庁等からの反発は極めて大きかった。

地上水・地下水を公共水と位置づける規定は、水を大量に利用する産業界や、農業水利など既存の水利権への影響を恐れる省庁などの強い抵抗にあった。水資源の統合的な管理やこれを司る水資源庁の設置についても、水資源管理に関わる多様な省庁からの反発があった。個別分野においても、例えば国土交通省からは河川管理に関わる内容について反論が示された[28]。

こうした結果、最終的に国会に提出された「水循環基本法案」は、当初の意欲的な内容をほぼそぎ落とされたものとなった。第1章総則においては法の目的、基本理念、国・地方公共団体・事業者・国民の責務の規定等を行ったが、基本理念において「水が国民共有の貴重な財産であり、公共性の高い

ものであることに鑑み、水については、その適正な利用が行われるとともに、全ての国民がその恵沢を将来にわたって享受できることが確保されなければならない」（3条2）とし、要綱案の公共水という位置付けを大きくトーンダウンさせた。

第2章では、法律の目的を達成するため、政府が水循環基本計画を策定することを求め、水循環に関する施策の基本方針や、政府が総合的かつ計画的に講ずべき施策などを定めるとした。第3章では、基本的施策について規定し、流域における水の貯留・涵養機能の維持向上を図るために森林などの整備を行うこと、水の適正かつ有効な利用の促進を図り、水量の増減・水質の悪化などに影響を及ぼす水の利用に対する規制などの措置を講ずること、国及び地方公共団体は流域の総合的かつ一体的な管理を行うため連携および協力の推進に努めることとし、流域管理施策に住民の意見が反映されるようにするとした。要綱では盛り込まれていた治水や森林管理に関わる具体的な施策の方向性については法案に取り込まれず、抽象的な施策方向性の規定に終わっている。

第4章では、水循環に関する施策を集中的かつ総合的に推進するために内閣に水循環対策本部を置くこととし、水循環基本計画の案の作成及び実施の推進、関係行政機関が水循環基本計画に基づいて実施する施策の総合化などを司ることとした。行政機関が行う施策を対策本部が総合化するという規定の仕方は、当初の要綱案がめざしていた水資源の統合的管理の姿とは大きくかけ離れているものであり、総合的な水資源管理を行うための縦割り行政を克服する意思はみえなくなった。

以上のように、水循環基本法は当初の構想からは大きく後退した。特に公共水の規定が見送られ、土地所有・利用や森林管理政策に関わる影響はほとんどなくなった。具体的な規制措置を伴った制度・政策の展開は、ニセコ町のように基礎自治体の個別の努力によるしかないのが現状である。ただ、後退したとはいえ、水循環に関わる基本法が制定された意味は大きく、基本計画の策定などを通して、水循環の維持・回復に向けた施策の具体化ができるかが今後問われることとなろう。

脚注

1　制度的な検討を行う「森林・林業基本政策検討委員会」、実践面における具体的な対策を検討する「路網・作業システム検討委員会」、「森林組合改革・林業事業体育成検討委員会」、「人材育成検討委員会」、「国産材の加工・流通・利用検討委員会」が設置された。

2　筆者が森林・林業基本政策検討委員であり、委員会への参加の経験をもとにしている。柿澤宏昭（2010）林政改革に向けた長期的戦略の必要性、林業経済63（4）、34〜35頁

3　柿澤宏昭（2010）いまなぜ林政改革なのか、山林1510、28〜35頁

4　皆伐上限面積については、全国森林計画に皆伐の上限を20haと書き込むことでガイドラインを示すということに落ち着いている。ただし、市町村によってはこれより厳しい制限をかけているところもある。

5　佐藤宣子（2013）「森林・林業再生プラン」の政策形成・実行過程における山村の位置づけ、林業経済研究59（1）、27〜35頁

6　志賀和人（2013）現代日本の森林管理と制度・政策研究、林業経済研究59（1）、3〜14頁

7　餅田治之（2012）森林・林業再生プラン（遠藤日雄編著、改訂現代森林政策学、J-FIC）71〜81頁

8　前掲志賀和人（2013）

9　相川高信（2010）政策策定プロセスについての国際比較—より良い森林・林業再生プランにするために、林業経済63（4）、4〜7頁

10　国民森林会議（2012）森林・林業再生プランにさらに期待するもの、国民と森林122、18〜28頁

11　當山啓介（2012）日林協アンケートに見る「森林・林業再生プラン」に対する関係者の意識、林業経済65（6）、15〜28頁

12　アンケート内容の詳細については、柿澤宏昭・川西博史（2011）市町村森林行政の現状と課題—北海道の市町村に対するアンケート調査結果による—、林業経済Vol64（9）、1〜14頁を参照のこと。

13　会報455〜の「フォレスターの取組について」連載などを参照のこと。

14　柿澤宏昭・川西博史（2012）地域と連携した森林行政体制の構築にむけて—

225

新たな森林計画制度の推進に向けた北海道の取組について—、森林技術 838、16 〜 20 頁

15 平野あゆみ（2013）北海道における准フォレスターの活動実態—市町村森林整備計画策定支援を中心として—、北海道大学修士論文。森林総合監理士発足前の調査であるが、森林法改正に基づく初めての森林整備計画策定であり、最もフォレスターの役割を見やすい時期といえる。

16 大石卓史・田村典江・枚田邦宏・奥山洋一郎（2014）日本型フォレスター候補者の活動実態−都道府県職員のうち准フォレスターを対象として−、林業経済研究 60（2）、33 〜 42 頁

17 市町村における森林行政の専門性確保については、市町村職員として専門性を持った職員を育成・確保している例や、市町村と県職員の交流人事によって確保している例があり、森林総合監理士による支援とは異なる道も存在している。

18 森林組合連合会制作・編集（2012）森林施業プランナーテキスト基礎編、森林施業プランナー協会、192 頁

19 相川高信・柿澤宏昭（2017）森林施業プランナー研修における転移過程とその成果の評価、林業経済研究 63（2）、1 〜 12 頁

20 前掲相川高信ら（2017）

21 浜本拓也（2014）森林・林業再生プラン化での市町村森林整備計画策定の実態—北海道の市町村を事例として、林業経済研究 60（1）、45 〜 55 頁

22 相川高信・柿澤宏昭（2015）市町村による独自の森林・林業政策の展開：合併市における自治体計画の策定・実施プロセスの分析、林業経済研究 62（1）、96 〜 107 頁

23 群馬県多野東部森林組合、北海道滝上町森林組合の事例による。

24 本節の記述は柿澤宏昭（2016）平成 28 年森林・林業基本計画と森林・林業基本法についてのいくつかの考察、林業経済 69（6）、8 〜 14 頁、をもとに作成した。

25 平野秀樹・安田喜憲（2010）奪われる日本の森—外資が水資源を狙っている、新潮社

26 地下水・水循環に関する問題については、守田優（2012）地下水は語る—見

えない資源の危機、岩波書店、中村靖彦（2004）ウォータービジネス、岩波書店、などが事例をもとにして論じている。

27　守田優（2012）地下水は語る—見えない資源の危機、岩波書店、240頁

28　橋本淳司（2012）水は誰のものか—水循環をとりまく自治体の課題、イマジン出版、130頁

第 10 章
森林管理政策の総括

戦後の森林管理政策の展開過程

　戦後の森林管理政策の歴史を改めてまとめると、以下のようになる。

　第1に、当初の森林計画制度は森林資源の保続性確保のための若齢林に対する伐採許可制、保安林規制を中心とした包括的な森林に関する計画としての性格を持っていた。しかし、戦後の混乱が収まり、森林資源育成基盤が整うとともに、若齢林の伐採がほとんど行われなくなり、伐採許可制の存在意義がなくなったため、伐採許可制は廃止されることとなった。この廃止とともに森林計画制度には規制的性格がなくなり、保安林と森林計画制度のすみわけが行われた中で、保安林が規制的手段を一手に引き受けることとなった。

　第2に、こうした中で森林計画制度は、森林施業計画制度によって息を吹き返した。森林施業計画制度は、林業基本法を地に足をつけるために生み出された制度であり、その性格は、森林資源の育成・林業の活性化に向けて所有者を「動員」しようとするものであり、補助政策と結びつくことによってその実効性を確保しようとした。これ以降、基本的に森林計画制度は、施業コントロールというより、間伐など人工林育成・林業生産に向けた「量的」な目標を達成するための動員計画といった性格を強くしていく。森林・林業再生プラン以降、森林施業計画は森林経営計画となり、集約化施業推進・林業成長産業化の実行を担うようになり、動員型の性格がより強くなった。森林施業計画・森林経営計画は、例えば間伐推進や搬出間伐推進といった当面の課題解決のための「動員」であり、その先に森林経営のモデルやそれを担う主体を描くことはできなかった。

　第3に、規制的な政策をほぼ一手に引き受けることとなった保安林制度では、施業規制を緩和しつつ、広域の面積をカバーするというかたちで保安林の指定を進めてきた。普通林に対しては森林計画制度の下では規制的な措置は講じられないため、特に流域単位で広域的な保全が必要な水源かん養保安林に関して広い面積での指定を進めた。保安林制度は発足以来、転用禁止・伐採規制・伐採許可制によって指定目的を達成しようとしてきたが、1980年代からは適切な管理が行われていない森林が広範に存在していることが問題となったことから、積極的な森林育成を展開した。このような指定面積の増大・育成政策の展開の中で、保安林の普通林化といった指摘も受けた。保

安林の種類についても、森林の多面的機能発揮に対する期待は大きく変化してきたが、基本的な構成は変わってこなかった。

第4には、林地開発、生物多様性保全への対応など、森林環境保全に関わる課題については、国レベルにおいて対応が試みられてきたが、政策化や現場レベルでの実行には大きな課題が残されていた。林地転用の問題についてみると、開発ブームで林地開発が問題となった1970年代初頭には、乱開発を抑止するための林地開発規制制度が導入された。しかし、この制度では都市近郊の森林の開発を十分にコントロールできなかったため、新たな対応が検討されたが、私有財産権の保障との折り合いもあり、新たな制度導入は見送らざるを得なかった。次に、森林生態系保全に関わっては、生物多様性条約の批准や、生物多様性保全に関わる関心の高まりを受けて、政策対応の方向が検討され、生物多様性国家戦略や全国森林計画などへの反映が行われた。ただし、施業の現場で適用・応用可能なガイドラインが策定されていないほか、生物多様性保全に配慮した施業に対する補助金供与などのインセンティブ措置は講じられなかった。また、自然保護や野生生物管理に関わる法制度の民有林管理への影響は、ほとんどなかった。このため、現場レベルでは、生物多様性保全など生態系に配慮した施業の取り組みはほとんど進んでいないのが現状である。

森林環境保全の問題の検討にあたっては、常に保安林制度が「障害」として立ち現れた。森林に対して何らかの形で規制的な介入を考えようとすると、森林法制度の中で規制を一手に引き受けている保安林制度との関係が問題となり、新たな仕組みの導入は断念せざるを得なかった。保安林制度も保健休養林など森林に対する社会的要求の変化に一定の対応を行ってきたものの、森林管理に関わって積み残されている課題は膨大である。こうした点で、保安制度の変革なくして解決の方途は見いだせない状況となっている。

なお、市町村森林整備計画のマスタープラン化によって、市町村独自のルールなどの設定も期待されたが、市町村の森林行政体制の脆弱さなどから施業コントロールを行う動きはほとんどみられなかった。

政策展開の行き詰まり

　以上述べてきたように、1951年森林法で基礎がつくられた森林管理政策は、伐採許可制の廃止・森林施業計画制度の導入以降は大きな制度・政策の改変を行わず、時々の政策目標の達成のために、「改良」を積み重ねてきた。特に森林計画制度は施業コントロールの中心的な役割を担うこととし、補助金や他の政策もこれと関連づけて展開してきており、森林計画の中で定められる標準伐期齢などは様々な制度政策の中に組み込まれてきた。以上を反映して、現在存在している制度・政策は極めて複雑かつ相互に関連して組み上がってきている。また、保安林制度も、現在広大な面積の森林が保安林に指定されており、保安林所有者には税制優遇などの便益を供与している中で、制度の改革はきわめて困難となっている。保安林が規制政策を一手に引き受けた制度・政策体系となり、指定面積を拡大し、制度的基盤がますます強固となる中で、新たな課題に対応するための制度展開が制約されるといった事態が生じている。

　森林管理政策の抜本的改革を行おうとすると、関連する制度・政策も含めて見直さざるをえず、改革のハードルが極めて高くなっている。例えば、標準伐期齢の問題は繰り返し指摘されてきたが、手がつけられない―手のつけようのないまま今日に至っている。こうした中で、新たな課題対処ために政策の中で不十分なところに改良を加える、という形で政策の完璧さをさらに追求してきており、これは改革のハードルを上げるということを結果している。

　新たな課題への対応の困難さの要因として、私有財産権保護の力が強いということも指摘できる。規制的な政策はすべて保安林の中で処理せざるを得ず、保安林制度の硬直性の中で、生物多様性保全などの新たな課題や、林地開発規制や施業の細やかなコントロールが困難となっている。施業の確実な実施や保安林以外での施業規制を法令によって課すことは難しいため、市町村森林整備計画などで設定した施業の方針の遵守を確保する手段として森林施業計画・森林経営計画を活用しようとした。これらの計画は所有者等が自主的に策定することとなっており、強制ではなく自主的に市町村森林整備計画の遵守を確保しようとしたのである。しかし、森林経営意欲が低位であ

り、自治体レベルで計画制度を担う主体や森林施業・経営を主体的に担う主体が十分育成されていない状況の中で、こうした政策意図は十分達成されていないのが現状である。施業コントロールの実効性を確保するという政策意図を達成するために計画制度が複雑化し、森林施業計画・森林経営計画制度に無理がかかり、現場にとって使いにくいものとなっている。

　また、適切な施業の確保や必要な路網の整備などに関わって、所有者が責務を果たさない場合や所有者が不明な場合に、市町村長が適切な手段を講じられる仕組みをつくってきたが、私有財産権保護をクリアするために、手続きが煩瑣となった。また、市町村は所有者との軋轢を一般に好まないため、制度は整備されているものの、実際にはほとんど活用されていない状況となっている。

　ここで指摘しておかなければならないのは、政策の完璧さを追求してきたことが現場の森林管理の展開に役立つものではなかったことである。例えば要間伐森林制度は1983年に導入され、それ以降想定される課題に対応するために制度の精緻化が進められてきたが、市町村長による勧告等はこれまで全く行われてきていない。制度の精緻化にかける労力と、現場での制度の必要性・応用可能性が見合ったものだったのか、改めて考える必要がある。

政策形成の問題点

　次に政策に関わる主体や政策プロセスの課題について国－自治体関係からみてみたい。

　1960年代初めに骨格が定まった森林計画制度・保安林制度は、抜本的な改変がないまま、漸増的な制度変更を続けてきた。特に森林計画制度についてみると、「思い通りに動かない森林所有者」を動かすために制度改変を積み重ねてきており、これは都道府県林務担当者の意向を反映しつつ進められてきた。

　伐採規制が外れた後の森林計画制度が、森林施業をコントロールするうえでほとんど実効性をもたない中で、基本法林政を具体的に進めたい国と、実効性を確保したい都道府県が、ともに森林所有者を動員するための仕組みを求める中で、森林施業計画制度が生まれた。森林施業計画制度は当初より意

図した成果を上げることが困難であることが、実際に運用にあたる都道府県職員の間で認識され、所有者が計画策定を行うという前提が有名無実化している現状と、それに伴う都道府県職員の負担の大きさが問題とされた。しかし、都道府県職員は制度の根本的な見直しを求めることはなく、制度の簡素化などを要求しつつ、市町村を巻き込むことでこの仕組みを動かすことを期待した。こうした動きを受けて、要件緩和など制度の微調整を行いつつ、市町村の計画制度への巻き込みを深化させてきた。しかし、ほとんどの市町村において森林行政体制は脆弱であり、市町村の巻き込みは制度の実効性確保に関して新たな課題を付け加えることとなった。実効性の確保の難しい仕組みを、実効性確保のために無理を重ねて制度改変を進めてきたともいえよう。

　民有林行政に関して「現場」を持たない林野庁は政策形成・財源確保を行い、都道府県は「現場」においてその実行を行うという「役割分担」の関係にあった。このような政策形成主体と実行主体にズレがある中で、都道府県は政策現場から政策形成へのフィードバックを行おうとした。しかし、自らが政策形成主体ではない都道府県は制度の抜本改革よりも、政策を現場で動かしやすくするための方策を探り、これを林野庁に働きかけてきた。こうした中で、林野庁における政策形成が漸増主義的なものへと強く性格づけられたと考えられる。政策形成と政策現場の乖離が、制度の建前と実体の乖離を引き起こしてきたことも指摘できよう。

　一方、1970年前後の自然保護問題や、バブル期の林地開発など環境に関わる問題については自治体による独自の施策対応が行われ、国レベルの政策形成にも影響を及ぼしてきた。国の政策において空白だった部分で、課題に直面した自治体が独自の政策を形成・実行し、これを国が参照して政策形成を検討・実行するという回路があった。しかし、こうしたボトムアップによる政策形成への影響力は限定的であり、強いものではなかった。地方分権化の中で都道府県が森林に関する独自計画を策定し、ゾーニングを行うなどの動きがあったが、国の政策形成への影響は限定されていた。環境に関わる問題についても、生物多様性保全といった新たな政策課題は、地域にとって重要な政策課題ではない場合が多く、独自の取り組みを進めている地域は例外的な存在であり、国の政策形成への影響力はほとんどなかった。

近年では、地方分権化が進む中で、市町村が地域の森林のマスタープラン形成を担うこととなり、具体的な施業のルールは市町村森林整備計画の中で設定するかたちになっており、環境保全も含めた施業のコントロールのあり方は地域に即して考える制度設計になっている。しかし、そもそも森林計画制度は規制力を欠如している仕組みであり、国レベルで環境保全のための保安林以外への規制措置の策定に失敗している中で、かなり無理のある制度設計といえる。何らかの実効性を持ったルール設定をしているのは、地域合意の形成ができ、ルール設定・実行を支える体制をとることができるわずかな自治体にすぎない。自治体に無理がかかった分権的体制となっているのである。また、分権化が進んだといっても補助金などの財政システムは依然として中央集権的な仕組みが維持されており、地域に即した森林管理を支える財政システムの検討が必要となっている。

「動員」の呪縛

森林管理政策、特に森林計画制度の展開の基本的な性格として、「動員」への志向が指摘できる。1951年森林法の森林計画制度では適正伐期齢以下の森林の伐採許可制という規制的性格を持っていたが、1962年の森林法改正で伐採許可制が廃止され、森林計画制度の実効性が問題とされるようになった。この時期は高度経済成長初期でもあり、木材需要の増大に応える林業生産の増大・森林資源の増強が求められ、産業としての林業の発展をめざした林業基本法が制定された。林業基本法を森林法の上位法に位置付ける法体系が構築されており、林業生産を進めることが森林整備や森林の多面的機能の発揮につながるという予定調和的な考え方が前提となっていた。こうした中で森林施業計画制度が創設され、森林資源の育成、林業活性化に向けて所有者を動員しようした。制度設計の考え方は、所有者の自発性によって森林施業計画を立てさせ、計画的な森林の整備・活用とともに森林計画の実効性確保につなげようというものであり、これを補助金など経済的なインセンティブ供与によって進めようとした。

動員的性格を付与された森林計画制度は、その後の林政課題へ対応するため、ますます動員型性格を強くしていった。1980年代には、地域林業活性

235

化や戦後拡大造林地の間伐推進が課題となったが、いずれの対策も森林計画制度と関連させる形で構築され、最終的には森林施業計画を通して所有者・森林組合による施業の実行を確保するという道筋をとった。こうした中で市町村も森林計画制度に関与させる仕組みをつくることで、市町村を動員させつつ、所有者の動員の実効性を上げようとした。また、補助金支給と森林施業計画認定の連動をますます強めることで、森林施業計画の実効性と補助金が目的とする施策の実効性を確保しようとしてきた。こうした施策展開の仕方は森林経営計画制度においても同様であり、ここでは施業集約化を計画制度と連動させて、搬出間伐へと所有者・森林組合を動員していったのである。属地的計画である森林経営計画は天然林を含む形で設定でき、市町村森林整備計画によって設定するゾーニングや施業指針・ルールを組み込むことで、環境に配慮した総合的な森林経営を行うという制度設計になってはいるが、前述のようにこれも充分機能してはいない。

　保安林についてもその整備が問題となってきたことから、間伐などの整備に向けた動員的政策が重要な位置を占めるようになってきている。

　以上の点で、森林管理政策は高度成長下で形成された林業生産活動・森林資源育成に向けた動員型性格を今日まで強く持ち続けてきたといえる。こうした動員型森林計画制度の運用は、例えば間伐実施、搬出間伐実施などでは個別的な成果を上げてきた。一方で、こうした実績の積み重ねが森林経営の確立に結びついていないのが現状であり、長期的視点を持って持続的な森林経営を行う主体や施業モデルが確立しているのは例外的存在である。

　主伐が北海道や南九州などで進み、造林未済地などの問題も生じてきている。これまでも繰り返し述べてきたように、環境保全の分野における対策は大きな限界を持ってきていた。高度経済成長型の動員体制から持続的な森林経営の体制確立への政策転換が課題となっている。

政策の担い手に関わる問題

　森林行政の担い手に関わっては、特に近年、市町村において問題が顕在化した。計画制度の実効性確保を狙い、地方分権化が進む中で、市町村へ権限の委譲が進められてきたが、市町村では専門的な森林行政を担える人材の確

保が困難なところが多く、都道府県などの支援によって日常的な森林行政実行が確保されており、独自の森林行政を展開できるところはわずかであった。森林・林業再生プランによって市町村森林整備計画のマスタープラン化が打ち出されたが、上述のような市町村森林行政体制の問題が認識されていたことから、林業普及指導員の資格制度の中に森林総合監理士を設け、市町村の支援などを行う仕組みを整備した。しかし、市町村の森林行政体制それ自体が強化されたわけではなく、外部からの支援によって市町村森林行政を強化することの限界が浮かび上がっている。

　一方、都道府県においては森林行政に関わる専門的職員が集団として存在しているが、林野庁が展開する政策を自都道府県内でいかに円滑に実行させるかを課題とし、林野庁への政策的要求も政策を使いやすい・動かしやすいものへと変えることに焦点が当てられてきた。都道府県による独自構想や条例の策定といった動きはみられたものの、独自財源が限定されていることもあって、独自政策の展開は森林環境税などに限定されていた。こうした点で、都道府県においても独自の政策開発や、林野庁への政策改変の働きかけを行う主体形成は限定的であった。

　ただし、都道府県や市町村において独自の政策展開や森林管理を追い求めようとする主体が育っていることは重要であり、弱体といわれた市町村においても独自の専門的職員の育成・確保や、都道府県との人事交流によって体制が整備されてきている。生物多様性保全や持続的な森林管理に向けた取り組み体制を整備しつつある自治体が少ないながらも存在している。国レベルでの森林政策展開が限界に逢着している中、これら自治体の取り組みが新たな森林管理政策の基礎をつくり始めているといえ、こうした動きを支援していくことが今後とも重要といえる。特に規制的な措置を伴う政策は市町村以外には形成・実行できる状況にはなく、第9章でも簡単に紹介したような市町村での政策形成を共有しつつ、政策展開の可能性を探っていくことが必要となっている。

　一方、こうした先進的な取り組みを行っている主体が、国の政策を変える担い手として動いていないことも指摘しなければならない。現在、地方創生などを含めて、地域で活用できる政策・補助金は多様なものがあり、各地域

はこうした仕組みを活用して、地域がめざすことを実現しようとしており、森林法体系を変えなければ動けないというわけではない。森林に関わる制度体系や政策体系に問題は感じつつも、これを変えるために労力を割くよりは、現実に使える政策を有効活用して、地域課題を解決していこうとしている。

　林野庁の職員に対しても、都道府県や市町村からの抜本的改革を求める圧力が働かず、むしろ政策の改良が求められ、環境保護団体などからの変革圧力も国有林経営を除いてはかからなかった。こうした中で、漸増主義的な政策変革を積み重ね、それゆえに、極めて複雑な制度を組み上げてしまい、大きな変革が極めて困難な状況へと陥ってしまった。

　森林管理政策について様々な問題生じているが、政策の変革を構想し、変革を担おうとする主体が見えなくなっているのが現状である。

　以上みてくると、日本における森林管理政策は限界に逢着しており、改めて制度・政策全体のあり方を検討する必要があるといえる。

　今後の森林管理政策のあり方については、現在の仕組みを前提とした改善について議論するのではなく、めざすべき大きな方向性を考えたうえで、それにどう近づけるかという議論が必要である。このため、本書の続編として用意した『欧米諸国の森林管理政策―改革の到達点―』において欧米諸国における森林施業コントロールの仕組みについてレビューを行い、日本の今後のあり方について検討を行った。これについて、参照していただければ幸甚である。

2018年6月20日　第1版第1刷発行

これからの森林環境保全を考えるⅠ
日本の森林管理政策の展開
―その内実と限界―

著　者 ———————— 柿澤 宏昭

カバー・デザイン ——— 峯元 洋子

発行人 ———————— 辻　潔

発行所 ————————　森と木と人のつながりを考える
　　　　　　　　　　　　　㈱日本林業調査会

　　　　　　　　　　　　〒160-0004
　　　　　　　　　　　　東京都新宿区四谷2－8　岡本ビル405
　　　　　　　　　　　　TEL 03-6457-8381　FAX 03-6457-8382
　　　　　　　　　　　　http://www.j-fic.com/
　　　　　　　　　　　　J-FIC（ジェイフィック）は、日本林業
　　　　　　　　　　　　調査会（Japan Forestry Investigation
　　　　　　　　　　　　Committee）の登録商標です。

印刷所 ———————— 藤原印刷㈱

定価はカバーに表示してあります。
許可なく転載、複製を禁じます。

ⓒ 2018 Printed in Japan. Hiroaki Kakizawa

ISBN978-4-88965-254-3

再生紙をつかっています。